新手养花一本就够

涟漪 主编

海峡出版发行集团
THE STRAITS PUBLISHING & DISTRIBUTING GROUP
福建科学技术出版社

图书在版编目（CIP）数据

新手养花一本就够 / 涟漪主编．—福州：福建科学技术出版社，2016.7（2022.6 重印）
ISBN 978-7-5335-4930-5

Ⅰ．①新… Ⅱ．①涟… Ⅲ．①花卉－观赏园艺
Ⅳ．① S68

中国版本图书馆 CIP 数据核字（2016）第 017177 号

书　　名　新手养花一本就够
主　　编　涟　漪
参　　编　赵立群　韩志山　于健波　冯　爽　孙珊珊　覃建兰　王媛媛
　　　　　郭贝贝　胡水源　贾小玉　乔立晶　孙鑫鑫　黎　艳　潘梦梦
　　　　　李绪娟　邢　宁　周　琴　常艳媛　秦　琳　苏宁宁　胡丹丹
　　　　　谭　娇　李俊儒　梁嘉慧　刘玉婕
出版发行　海峡出版发行集团
　　　　　福建科学技术出版社
社　　址　福州市东水路 76 号（邮编 350001）
网　　址　www.fjstp.com
经　　销　福建新华发行（集团）有限责任公司
印　　刷　福建新华联合印务集团有限公司
开　　本　700 毫米 ×1000 毫米　1/16
印　　张　14
图　　文　224 码
版　　次　2016 年 7 月第 1 版
印　　次　2022 年 6 月第 9 次印刷
书　　号　ISBN 978-7-5335-4930-5
定　　价　36.00 元

前言

“我爱花，所以也爱养花。我可还没成为养花专家，因为没有工夫去研究和试验。我只把养花当作生活中的一种乐趣……”想必很多人还记得老舍先生写的《养花》这篇课文。如今，生活在都市里的人们几乎没可能拥有那样一个大院子去侍弄几百盆的花草，林立的高楼、繁忙的节奏让人们在养花养草之时少了老舍先生的那份雅趣，多了几分对花草实际用途的重视。每当有人搬入新居时都会自然而然地买回几盆花草，即使自己并不太会养花，甚至叫不出花的名字，也会将花花草草“请”回家。

葱翠娇艳的花草让人即使随便看看也是一种享受，更何况花草多少对家居环境能起到一定的净化作用。花草如此美好，若不经心养护，纵是好养的品种，也会好花不常开、好景不常在。所以，只有真正对其用心栽培管理，方能收获芳香扑面而来。

对于养花新手而言，最难的莫过于摸不准花草的“脾气”。喜阴的花草错误地放置到了烈日之下，喜阳的花草反而摆到了偏僻阴暗的角落；不喜水的植物经常迎来当头一浇，喜水的植物却时常出现“水荒”。这样养花，花草必然遭殃。

本书在第一章中提供了大量有关花草栽培的基础知识，不仅不同的花草对环境要求不同，就是同种花草一年四季也有不同的培植方法。养花新手从中还可以学到花草的繁殖、栽培、病虫害管理、花期调控等方法。后四章用图文集合的方式详细介绍了各色花草的生长习性及栽培管理等信息，从观叶植物到观花植物，从观果植物到多肉植物，为想要识花、养花、赏花之人提供一个可参考的平台。

花草的神秘世界需要深入体会才能一窥究竟，养花的过程中不仅可以获得有关花草的知识，更能在浇水、施肥的点滴劳动中收获丝丝乐趣。养花不仅能带给人们美好的感受，还能陶冶心性。生活无外乎如此，只有用心方有所得。

目录

第一章

步入神奇的花卉世界

第二章

绿意葱茏的观叶植物

目录

第三章

绚丽夺目的观花花卉

目录

第五章
萌态可掬的多肉植物

第一章 步入神奇的花卉世界

花花世界的别样美丽

养花有益，新手请进

养花，不仅可以绿化、美化环境，净化空气，还有很重要的经济价值、观赏价值。如今，各种切花、插花遍布全国，等待人们馈赠、赏玩。确实，花是赏心悦目、怡人心脾的。有花的地方总让人心情愉悦，让人心旷神怡。

通常，新手养花首先看重的就是花的观赏价值。百合花花姿雅致，纯净如玉，茎秆亭亭玉立；文竹以盆栽观叶为主，清新淡雅，布置书房更显书卷气息；巴西木株型优美、规整，以室内观叶为主，能够烘托出房间的大气与恬静。

此外，养花能够帮助人们检测环境质量，吸收有毒物质，净化空气，有利于身体健康。比如杜鹃花、郁金香可检测环境中是否有氟化氢，若有氟化氢，花和叶子便会枯萎、变黄；吊兰能够吸收甲醛，保持室内空气清新；月季、百合、万年青、棕榈、天竺葵、金银花等含有挥发性油类，具有很好的消毒杀菌功能。

有些植物可以调节室内温度和湿度，比如爬山虎、牵牛花、蔷薇、紫藤等攀缘类植物，能够顺墙或顺架攀附长成一个绿色的天然屏障，有效减少阳光辐射进入室内；绿萝等一些叶大和喜水植物能够增加室内的空气湿度。

有些花还有良好的药用和食用价值，比如紫玫瑰的花瓣和根都可以药用，对人体有很好的行血、利气、散瘀止痛功效；玉兰花对人体具有很明显的利九窍、去头风、治鼻病等作用；三七花富含具有降压、调脂、免疫调节、消炎镇痛作用的黄酮、多糖等有效成分，具有显著的祛痰、平喘、镇痛安眠、抗过敏、排毒养颜的功效，是药食同源植物中以花入药的极品。

买花的基本原则

买花时，要注意花卉品种的真假和质量的好坏，这需要我们注意以下4个基本原则。

花卉整体效果

首先要观察花卉的整体外观，从花卉的形态特征、新鲜程度、植株的高度、生长状况等方面进行判断。

花卉花部状况

观察花的花部状况，要求花的大小和数量均衡，花色要鲜艳，花苞要饱满，还要有完好的花形。

花卉茎叶状况

健康的花卉茎叶应该繁盛茂密、颜色鲜亮，应该茎枝干无损伤，分布均匀，并且没有徒长枝。

有无病虫害状况

要观察叶子上有没有黄斑、病斑等现象，有无病虫害留下的虫卵或侵蚀的痕迹等。

轻轻松松将花带回家

新购置的花卉非常娇弱，需要注意以下几点事项，才能轻轻松松将花请回家。

注意包装

新购置的花卉若没有栽种在盆钵里，就应该用报纸包好，以保护花卉在“请回家”的途中不受损伤。

注意装运

包好后的花卉应该放置在一个足够大的空间里，避免受到挤压。

立即栽培

很多花卉离开土壤之后存活期较短，所以应尽量马上回家栽种。

注意适应过程

花卉被“请回家”都有一个适应过程，在开始的1周内要避免阳光直射，同时不要过多浇水，让花卉慢慢适应新环境。

别忘了配制一张营养“床”

土壤是植物赖以生存的基础，给花卉配制一份好的土壤，就是给花卉一个营养、舒适的生活环境。不同土壤的温度、含水量、通气情况、酸碱度等都有不同，会直接影响到花卉的生长。

土壤根据所含颗粒大小，大致可以分为 3 类。

黏土

黏土土壤紧密，颗粒间隙小。其优点为保水性强，含有丰富的矿物质和有机物质；缺点为通透性较差，要配合其他土壤使用。

沙土

沙土的颗粒较大。其优点为通透性强、排水好，适宜配合其他土壤使用；缺点为保水性差，土壤温度变化快，营养物质含量少。

壤土

壤土颗粒大小适中。其优点为通透性能良好，有机质含量高，保水和保肥能力都很强，昼夜温度较稳定，适宜大多数花卉生长。

不同花草，环境要求各异

充足的光照环境对于花卉的生长起着至关重要的作用。大家都知道，植物要进行光合作用，因此没有充足的光照，花卉是无法正常生长的。光照是花卉生长发育的重要影响因素之一，是绿色植物赖以生存的关键。

按强度区分

花卉对光照的需求是分种类的，不同的花卉对光照的需求不同。然而，光照的强弱是根据地理位置和季节的变化而变化的。纬度越高，光照越弱；纬度越低，光照越强。夏季阳光强度大，冬季阳光强度小。因此，根据光照的强弱和对光照的需求，大体上可将花卉分为阳性花卉、中性花卉和阴性花卉 3 类。

阳性花卉

阳性花卉喜欢光照，需要足够的长时间光照用以生长，且在阳光下栽培才能生长良好。大部分观花、观果花卉都属于阳性花卉，在观叶类花卉中也有少数阳性花卉。凡阳性花卉都喜强光，而不耐荫蔽。如果把这些花放在荫蔽的环境中，光照强度不够，常常呈现枝条纤细、节间伸长、叶片变薄、叶色不正、开花晚甚至不开花的现象，还容易受病虫害的侵袭。比如石榴、玉兰、梅花、月季、玫瑰、一品红、芦荟、荷花、牡丹、芍药、丁香、茉莉、桂花、向日葵、木槿、雏菊、鸡冠花、睡莲、翠菊等都属于阳性花卉。

阴性花卉

阴性花卉喜在以散射光为主的阴凉环境下生长，光照不宜太过强烈，遮阴度为 50% 左右。阴性花卉原本生长在阴坡或热带林间较阴湿环境中，需要的光照强度弱，因此大多不喜欢强光直射，尤其在高温季节需要给予不同程度的遮阴，并注意适当增加空气湿度。比如茶花、文竹、绿萝、万年青、常春藤、龟背竹、秋海棠、杜鹃等都属于阴性花卉。

中性花卉

中性花卉对于阳光没有要求，无论光照强弱都能正常开花。中性花卉适宜光照适中，喜光照，也能耐阴。在阳光充足的条件下生长良好，但夏季光照强度大时需要稍加遮阴。比如吊兰、君子兰、朱槿、马蹄莲、香石竹、天竺葵、薰衣草、石竹花等都属于中性花卉。

按长度区分

光照的时间长短也影响着花卉的生长。根据光照时间的长短可以将花卉分为长日照花卉、短日照花卉和中日照花卉。

长日照花卉

一般在早春初夏开花的一二年生花卉大多属于此类。它们每天需要 14 ~ 16 小时的光照才能使花芽分化和花朵开放。光照时间不足，便会延迟花期甚至不能开花。秋冬光照弱，可以用人工光照处理来延长花期。这类花卉有百合、金鱼草、虞美人、牵牛花、紫罗兰、风铃草等。

中日照花卉

光照时间的长短对开花的影响不太明显，每日在 8 ~ 12 小时的光照下可正常开花。只要温度合适、营养充足，一年四季均可开花。这类花卉有月季、苏铁、天门冬、马蹄莲等。

短日照花卉

一般是在夏末和秋季开花的一二年生花卉，每日光照时数在 6 ~ 10 小时，如果超过光照时数，反而会延迟开花。这类花卉是在长日照下进行营养生长，立秋后，日照时数缩短才进行花芽分化。这类花卉有一品红、一串红、八仙花、菊花、蟹爪兰等。

温度

温度是花卉生长发育的直接影响因素，每种花卉的生长都有最适温度、最低温度和最高温度。根据花卉生长的温度环境可以将花卉分为以下几类。

耐寒花卉

耐寒花卉，如金银花、丁香、迎春花等，原产于寒带或温带地区，能够生存在极低的温度下，适应寒冷气候。

半耐寒花卉

半耐寒花卉，如芍药、牡丹、月季、郁金香、桂花等，适应较暖和、不低于 0℃以下的气候。

不耐寒花卉

不耐寒花卉，如鸡冠花、朱槿、文竹、一串红、仙人掌等，喜高温、耐热能力强、抗寒能力弱，原产于热带及亚热带地区，一般情况下适应最低温度不低于 5℃。在我国华南和西南南部地区可以露地过冬，其他地区则需要在温室里才能生长，因此，这类花卉还被称为温室花卉。

水分对于花卉来说是至关重要的，没有适当的水分补充，花卉就不能茁壮地生长。而且不同种类的花卉需要的水分不同，既不能过多地浇水，也不能长时间不浇水。我们要了解不同花卉对水量的需求，在栽培中注意给予适当的水分，这样花卉才能正常生长发育。根据花卉对水分的需求不同，可以把花卉分为以下几类:

半旱生花卉

这类花卉抗旱能力较强，叶片表层有大量茸毛，呈现针状或脂质，可以减少水分的流失，因此，浇水要遵循“干透浇透”的原则。如杜鹃、白兰、山茶、梅花等。

旱生花卉

这类花卉多生长在热带干旱地区和沙漠地带，抗旱能力最强。由于长时间生长在干旱的地区，其茎叶肥大，储存了大量的水分和营养，因此浇水要遵守“宁干勿湿”的原则。在栽培过程中保持土壤含水量20%～30%，空气湿度20%～30%即可。如仙人掌、仙人球、石莲花、景天等。

中生花卉

这类花卉一般生长在温带地区，对水分的要求比较严格，过于干旱或过于湿润都不利于生长。因此，浇水要注意“见干见湿”。在栽培过程中注意保持土壤水分在 50% ~ 60%，空气湿度 70% ~ 80%。如栀子花、绣球花、桂花、白玉兰、六月雪、菊花、芍药等。

水生花卉

这类花卉生长在水中，一旦离开水的滋润便不能存活，因此，要源源不断地施以水分。如荷花、睡莲、水竹、水葫芦、王莲等。

湿生花卉

这类花卉一般生长在热带雨林或亚热带湿润地区，叶片薄大，叶茎柔嫩，需水量较大。如果生长环境干燥、水分少，植株会变得矮小，生长缓慢，严重的甚至死亡。因此，浇水原则是“宁湿勿干”。在栽培过程中保持土壤水分在 60% ~ 70%，空气适度80% ~ 90%。如马蹄莲、万年青、海芋、鸭舌草、兰花、竹芋、虎耳草、水仙等。

土壤

土壤也是影响花卉生长的重要因子，土壤的养分主要来自土壤中的有机质，有机质利于花卉生长。

土壤的酸碱度决定土壤中微生物的活动及理化性质，不同花卉品种对土壤酸碱度要求不同。大多数花木适宜在中性土壤中生长，而杜鹃花科、兰科、凤梨科等花木喜酸性土壤，要求土壤 pH 值在 6 以下。金盏菊、油松等适宜在碱性土壤中生长，一般酸碱度在 7 以上。

花卉的栽培需要疏松、透气性好的土壤，可以稳固花根，保持水分。但是选择土壤还是要依据花卉的种类而定。前文已经提到，根据土壤所含颗粒的大小以及花卉需要的土壤成分可将土壤分为壤土、沙土和黏土，其区别此处就不再赘述了。

繁殖得法，欣欣向荣

播种繁殖法

播种繁殖法是通过花卉种子的种植来进行繁殖的一种方法，是花卉繁殖方法中最重要的一种。良好的播种方法对于花卉的繁殖能起到关键性作用。播种繁殖需要做到以下几点才能保证花卉的良好繁殖。

采收种子

要长出健康茁壮的花卉就需要成熟的种子，所以采收花卉种子很重要。如果采收过早，种子贮藏的营养物质还不足够，就不会长出健康的花卉。种子成熟时，花瓣变得干枯，此时的种粒坚实而富有光泽。

种子的储存

采收后的种子要及时进行脱粒、风干、清除杂物处理，再挑选出干净饱满、充实、无病虫害的种子。种子应该先放到通风良好的半阴处，慢慢干燥，不要在强烈的直射阳光下晒干。干燥后的种子应用筛子除掉杂物，装进容器里密封，再放到阴凉、干燥的地方储存。

播种与管理

播种应选择成熟、饱满、极易发芽、品种优良、没有病虫害的种子。播种时间应根据花期来确定，一般没有特殊的季节限制。

播种方法多用撒播法，即将种子均匀地撒播在土壤上。同时土要覆盖得薄一些，以便种子能够自由呼吸。之后应洒水保持土壤湿润，但浇水不要过多，否则种子会腐烂，但也不要太少，不利于种子发芽。此外，还有点播法，即按照一定的株距和行距进行播种，每穴播 2 ~ 3 粒种子，发芽长成小苗后一个盆钵只留下生长健壮的一株小苗，其余移除。

播种后要时常查看土壤的湿润程度和疏松程度，及时浇水和松土。种子发芽后，按照花芽对水分的需求，逐渐减少浇水的次数。

分株繁殖法

分株繁殖法是指把花卉的根茎、球茎等从母株上分割下来，另行栽植而成独立新株的方法。分株繁殖法可以分为以下两种。

全分法

全分法即把花卉连根从土中挖出，然后分成若干个小株丛，分别栽种到其他的花盆中。

半分法

半分法即不把花卉全部挖出，只在母株两侧或一侧把土挖出，用剪刀剪出几个下部带根的小株丛，把这些小株丛再移栽到别处成为新的植株。

扦插繁殖法

扦插繁殖法是目前花卉栽培中常用的繁殖方法，主要分为以下 3 类。

枝插

枝插又名茎插，分为硬枝扦插、嫩枝扦插和单芽扦插等，是一种应用广泛、可大量繁殖苗木的方法。选择当年生中上部向阳的枝条，枝条节间较短、枝叶粗壮、芽尖饱满的最宜作插条。取插条的母株要健康，没有病虫害。适合枝插的有木槿、迎春花、月季、茉莉等。

根插

根插分为埋根法、直插法等，即用根段作为插穗的扦插方法。把根剪成适当长度，约 10 厘米，下口斜剪，直插于基质中。适合根插的有枸杞、紫薇、海棠、梅花等。

叶插

叶插分为直插法、平置法、水插法等，多在多肉花卉中应用，一定要等叶片生长充实后再取下。取下后将叶片叶面仰天朝上，背朝下，平放在土壤上或土壤中即可。适合叶插的有厚叶草、东美人、风车草等。

压条繁殖法

压条繁殖法多用于扦插或嫁接不易的植物，通常分为以下几种。

普通压条法

普通压条法安全可靠，管理简便，家庭中普遍采用。压条时把母株外围弯曲，将部分埋入土中，等待其生根后便可剪离母株进行移栽。

水平压条法

把植株上的枝条整个压入土壤的浅沟中，清除枝条上向下生长的芽，填上土，等到生根萌芽后在节间处逐一切断即可。

堆土压条法

时间宜在晚秋或春季。将枝条的下部进行环状剥皮，然后把整个株丛的下半部分埋入土中，并浇水保持土堆潮湿。充分生根后把枝条从基部剪离，分株移栽。

空中压条法

空中压条法适用于枝条不易弯曲到地面的植株。首先用塑料薄膜把环切的伤口下部围起来、扎紧，然后再把塑料薄膜翻上去成袋状，填满粗沙，浇水后把上口扎紧。等到芽长出新枝时，从下部与母体分离，栽入盆中，成为新的植株。

嫁接繁殖法

嫁接繁殖法即将母株的枝或芽接到砧木上，结合形成新植株的一种无性繁殖方法。嫁接繁殖能保持栽培品种的优良特性。嫁接繁殖法分为以下两种。

芽接

从枝上削取一芽插入砧木上的切口中，进行牢固绑扎使之愈合。比如月季、茶花、桂花、盆栽梅花等都可以进行芽接。

枝接

将花卉枝条上的一段，基部削成和砧木切口容易结合的削面，插入砧木的切口中，绑缚起来使之结合成为新一株花卉。

组织培养法

组织培养法是在无菌的条件下，将花卉组织或细胞置于培养基内进行连续培养而成的细胞组织或个体。根据培养的植物种类不同，可以把组织培养法分为以下几类。

器官培养

器官培养即把植物的根、茎、叶、花、果等器官作为外植体的离体进行无菌培养。

胚胎培养

胚胎培养即把植物胚珠中分离出来的胚取出，作为外植体的离体进行无菌培养。

组织培养

组织培养即以分离出植物的各部分组织如分生组织、木质部、表皮、皮层、形成层、薄壁组织等，作为花卉新组织进行离体无菌培养。

孢子繁殖法

植物的孢子是植物脱离亲本后直接或间接发育成的新个体的生殖细胞，是有丝分裂或减数分裂的产物。运用孢子繁殖法需要进行以下几个步骤。

收集孢子

当孢子囊群变为褐色时，说明孢子就要成熟了。此时可以给孢子叶套上袋，连叶片一起剪下。约 1 周后即可去除叶碎片和杂物，收集孢子，置于阴凉干燥处。

准备基质

可以选择偏酸性的腐殖质土或草炭土作为培养孢子的基质。基质应当铺得薄一些，培养盆以浅盆为好。

孢子播种

把孢子粉均匀撒在基质上，可以淋少许水，利于其生长。

养护

等到即将成熟时，可以适量地灌水。在有水的条件下，精子才能游入颈卵器中与卵细胞结合形成合子，进而发育成孢子体，促进其生长。

移植

当幼苗长到 4 ~ 5 厘米时开始分苗，把幼苗从培养盆中移到栽植盆中培育。同时适当遮阴，并经常浇水保持湿润。

栽培管理，用心才有收获

好工具好养护

花盆的选择

一个合适的花盆有利于花卉的成长，还能起到锦上添花的作用，所以选择一个合适的花盆很重要。按照花盆的材质来分，主要有以下几种。

陶盆

陶盆由黏土烧制而成，分为红色和灰色两种，是最普通的一种花盆。陶盆廉价、耐用、易透气，但是外表上的彩釉会降低其透气性。根据花卉的株数、植株高低，可以选择不同内径和高矮的陶盆。

泥盆

泥盆具有很好的排水透气性，但是质量比较差，容易破碎，不适合养护成熟的花卉。

水泥盆

水泥盆有多种造型，颜色明朗，但是重量大，搬动困难，适合作永久性固定盆栽使用。

木盆

木盆透气性好，有多种造型，不易摔坏。但是其底部容易腐烂变质，重量较重。

瓦盆

瓦盆排水性和透气性好，有利于根系的生长，但是比较沉重，不易挪动，适合栽种大型植物。

紫砂盆

紫砂盆有多种外观造型，但是排水性较差，透气性不太好，适合栽种室内的中小型名贵花卉。

瓷盆

瓷盆外形美观，但是排水性和透气性较差，造型少，比较沉重，适合栽种大型花卉，不适合作盆花的栽培容器。

塑料盆

塑料盆色泽艳丽、规格齐全、质量轻盈、造型美观，现在应用广泛。但是透气性能差，要注意盆土的疏松和浇水次数。

选择花盆时还要注意大小、高矮要适当。花盆过大，就像瘦子穿大衣服，影响植物的美观，而且花盆大而植株小，植株吸水能力相对较弱。浇水后，盆土长时间保持湿润，花木呼吸困难，易导致烂根。花盆过小，显得头重脚轻，而且影响根部发育。

另外，选择花盆的大小、高矮有3点可供参考：花盆盆口直径要大体与植株冠径相衬；带有泥团的植株，放入花盆后，花盆四周应留有2～4厘米空隙，以便加入新土；不带泥团的植株，根系放入花盆后，要能够伸展开来，不宜弯曲。如果主根或须根太长，可作适当修剪再种到盆里。

工具的选择

养花不能忽视工具，工具齐全了，才能更方便地栽种和养护花卉。下面是几种常用的工具。

喷壶

喷壶用来给花卉浇水，补充水分，也可用来喷药。购买喷壶要选择稍大容积的，能够保证充足水量浇灌花卉。

花铲

花铲可以挖坑、移苗、换盆，给花卉松土、配土等。

筛子

筛子用于过滤粗细土、过筛培养土。

花架

花架插于花卉旁，为蔓性植物提供攀缘空间，利于生长。

盆托

盆托垫于花盆底部，防止漏水。

枝剪

枝剪用来修剪木本花卉或剪枝等用于扦插繁殖。

挑草刀

挑草刀用来挑除盆内野草。

嫁接刀

嫁接刀用来嫁接植株。

花卉栽培大法

地栽

地栽一般是用种子播种或者扦插让根系在田地中自由生长培育出苗木，家庭中的地栽一般在庭院、花坛或者阳台中栽植。比如月季、杜鹃、大叶黄杨、金边黄杨、栀子、桃叶珊瑚、八角金盘、金叶女贞、木槿等，都适宜运用地栽。

地栽苗移植方法有两种，即带土球移栽和裸根移栽。地栽的管理相对简单，但是也要经常对花卉进行浇水、施肥。

盆栽

盆栽是由中国传统的园林艺术演变而来的，分为大型盆栽、中型盆栽和小型盆栽，可以根据花卉大小进行选择。

盆栽时，要选择植株健壮、芽眼饱满、无病虫害的花卉，于 4 月上中旬上盆栽植，并剪去坏死根。先把少量营养土装入盆底，再放入苗木，将根系摆布均匀，埋土踏实，及时浇水，即可保证成活。比如海棠、杏花、紫薇、石榴、黄栀、佛手柑等，都适宜进行盆栽。

无土栽培

无土栽培是指不用天然土壤栽培植物，而将植物栽培在营养液中，这种营养液可以向植物提供水分、养分、氧气和温度，使植物能够正常生长并完成其整个生命周期。营养液是用无机肥料调配而成的，消毒后清洁卫生，还可以大大减少病虫害的发生。无土栽培免去了换盆、除草、松土等麻烦，省时省力。目前国内外家庭养花用的无土栽培基质主要有砾石、沙、蛭石、珍珠岩、泡沫塑料、玻璃纤维、岩棉等。

无土栽培的基质长期使用容易滋生细菌，影响花卉生长，所以平时需要注意消毒处理。消毒后的基质可以重新使用。

培养土的配制

土壤是花草生长的根本，好的土壤能起到事半功倍的作用。不同的花草有不同的生长习性，对土壤也有不同的需要。自然界中的土壤往往营养较单一，无法满足花草的生长需要，这就需要人工配制营养土，来弥补土壤中缺少的营养成分。首先，好的土壤除了营养成分要全面，对植物的生长需求还要有针对性的营养提供。其次，土壤要具有良好的保肥、排水、透气性。满足这两个条件的土壤才能算好的土壤，才能使花草叶繁花茂。

常见营养土的配制

腐叶土 5.5 份，园土、河沙土各 2 份，腐熟的饼肥等有机肥料 0.5 份，以上土壤、肥料充分掺拌均匀即可，这种土壤适宜种一般的中性植物。

偏酸性土壤的配制

腐叶土和泥炭土各 4.5 份，锯木屑和骨粉 1 份，此类土壤适宜种喜酸性植物。

喜阴湿环境植物的培养土配制

将园土、河沙、锯木屑或泥炭土按 2 ：1 ：1 的比例混合配制。如各种蕨类、万年青、龟背竹、海芋、吊竹梅等均适用此种土壤。

偏碱性植物的营养土配制

如夹竹桃、月季、菊花、仙人掌、朱槿、天竺葵等花卉的营养土，可以用腐叶土 2 份，园土 3 份，粗沙 4 份，细碎瓦片屑（或石灰石砾、陈灰墙皮、贝壳粉）1 份，混合配制而成。

上盆和换盆

上盆

将 2 ～ 3 株花苗从花床中挖起，移入花盆的过程称为上盆。上盆前，先在花盆的排水处放置一张尼龙网，盖上碎瓦片，然后放入粗颗粒的培养土，再在中间放入花苗。将培养土放在苗根的周围，压紧。土面与盆口至少要有 2 ～ 3 厘米的高度。

换盆

换盆就是将花卉从旧花盆移到新花盆。换盆应该在 4 ～ 5 月天气比较暖和的早春或者是秋季进行。换盆前 2 ～ 3 天要减少或停止浇水，以保持盆土干燥。换盆前要准备好培养土和相应的花盆，还要准备好所需用具。换盆时一边握着植株，一边轻轻敲打盆底，使盆土与盆壁更容易分离，将植株和土壤一起托出。然后把植株上的老根、烂根、死根剪去，并用竹签把土壤松好后放入花盆内。抖去一半土壤并疏松土壤，修剪烂根、死根和老根。最后将纱布放于新花盆底部，填充培养土，再放入植株，继续填土并压实即可。

花草浇水要点

水可以说是花卉的生命源泉。浇水要做到适量，浇少或者浇多都不利于花卉的生长。所以，必须根据季节的变化和花卉的实际情况对浇水量作出正确判断。

放置在阳光充足、通风好的环境下的花卉，水分蒸发快，浇水要多；放置在荫蔽、通风不好的环境中的花卉，水分蒸发慢，要控制浇水。喜湿花卉应该多浇水，保证充足的水分供给；半旱生、旱生花卉应该少浇水，防止根系腐烂发生病害。同时，浇水还应该做到干透浇透，这样才有利于花卉根系正常生长和对水分的吸收。

不同种的花草对水分要求不同，同一种花草的不同生长期对水分的要求也不同，所以浇水一定要有所选择。

浇花的水质

软水的矿物盐类含量低，是花草理想的浇灌用水。雨水、河水和湖水等都可以直接用于浇灌，但泉水、井水等地下水的硬度很高，不能直接浇灌花草。自来水含有氯气等物质，也不宜直接使用，最好用敞口的缸、池等容器贮放 3 ~ 5 天，待水中有害物挥发和沉淀后再使用。

浇好定根水

栽种后第 1 次浇水称为定根水。定根水必须浇足浇透，浇完水见水从盆底孔流出后，再重浇 1 次，这样才能保证土壤充分吸收水分，并与根系很好密接。

浇水方式

大多数花草可采用喷浇法，既能增加空气湿度，又能冲洗叶面灰尘。但对于叶片有茸毛或正在开花的花草，则应将花盆坐在水盆中，利用盆底孔渗水，使盆土湿润。若多日忘记浇水，导致干旱萎蔫，切不可急浇大水，应先将盆花移至阴凉通风处，用喷壶给叶片喷水 2 ~ 3 次，待叶片缓过来后，再少量浇水，等根系恢复吸水功能后，再彻底浇透。

浇水时间

水温对花草的根系生理活动有直接影响。如果水温与土壤温度相差悬殊（超过5℃），浇水后会引起土温骤变而伤害花草根系，反而影响根系对水分的吸收，产生生理干旱。因此，水温与土壤温度接近时浇灌才比较好，尤其在冬、夏季更应注意。

在春、秋、冬3季，上午10点左右和下午4点以后是浇花的适宜时间。夏季则应避免在烈日暴晒下和中午高温时浇灌。另外，夏季盆花呼吸作用旺盛，要求盆土透气性良好。故盆土不干时一般不要浇水，以免水过多影响透气，但干后应立即浇水且必须浇透。夏季盆土往往因过干而出现龟裂，所以浇水不能一次完成，否则水顺缝隙直漏盆底，而大部分盆土仍很干旱。应在第1次浇水后稍等片刻，待土壤裂缝闭合后再浇1次。冬季最好先将水存放在室内一段时间，或稍添加温水，使水温提高到15～20℃后，再行浇灌。

不同发育时期的浇水

育苗期：盆土宜偏干，易于长根壮苗。水浇多了会造成幼苗徒长。

营养生长期：浇水充足才能枝繁叶茂，否则植株生长缓慢。但也不可盲目地多浇水而导致盆土积水烂根，一般的浇水原则是盆土见干见湿，干湿交替，以保持表土下湿润为原则。

生殖生长期：花草在由营养生长向花芽分化转化时，如水分过多，已形成的花芽也会变成叶芽，因此在花芽分化期可用扣水的方法来抑制枝叶徒长，促进花芽形成。

开花坐果期：花草一旦进入孕蕾和开花结果阶段，耗水量最多，水分不能短缺，更不能使枝梢、叶片萎蔫，否则花期变短且开花不良。但也不宜浇水太多，尤其不能积水，长期积水会导致落花落果。

注意叶片的擦洗清洁

清洁叶面的方法有很多，可以用干净而柔软的湿布擦干净叶子，还可以用海绵蘸水顺着叶面一片片清洗干净。花卉叶子上的油污可以用稀释后的洗洁精擦拭，或者用碘酒进行清洗。但不宜用水龙头直接冲洗，对花卉会有不良影响。

花草施肥原则

养花要巧施肥才能有利于花草发育，施肥要做到适时、适量、适当、勤施薄施，为花卉开花补充充足的养分。施肥应以一个轮作周期中的生长期为重点，同时防止土壤污染。

为了充分发挥肥料的作用，我们应该根据土壤特点和肥料性质等采用不同的施用方法，如混施、液施、撒施、喷施、条施、分层施肥等。混施即把肥料与土壤按照一定的比例混合，主要在施基肥的时候使用；液施即把肥料与水按照一定的比例配制成溶液浇灌盆土；撒施即把肥料均匀地撒在盆土上，让其慢慢溶化渗入土壤中；喷施是将稀释后的化肥喷洒在植物的花叶上。通常施肥需要掌握以下几个原则。

施肥必须适时

及时施肥就是花草需要肥料时再施肥，当发现植株叶色变淡，生长细弱时，施肥最为恰当。

施肥必须适当

施肥必须根据花草的不同生育期区别施用。幼苗期氮肥要多些，施肥次数要多，以促进幼苗生长迅速、健壮；成苗后，磷钾肥要多些，观叶的花草要多施氮肥，使叶子嫩绿，观花果的花草要多施磷钾肥，使植株早开花、早结果，也使花果颜色鲜艳。

施肥必须掌握季节

春、夏季节花草生长迅速旺盛，可多施肥；入秋后花草生长缓慢，应少施肥；冬季花草处于休眠状态，应停止施肥。

施肥必须掌握时间

盆栽花草施肥应根据“少吃多餐”的原则，即“薄肥勤施”，一般从开春到立秋，可每隔 7 ~ 10 天施 1 次稀薄的肥水，立秋后可 15 ~ 20 天施 1 次。

施肥必须掌握温度

施肥要在晴天进行。盆栽花草在夏季高温的中午前后不宜施肥，因盆土温度较高，施入追肥容易伤根，傍晚施用效果最好。

施肥必须松土

盆栽花草施用稀薄液肥前，应先把盆土表层耙松，待盆土稍微干燥再施肥。施肥后立即用水喷洒叶面，以免残留肥液污染叶面，施肥的第二天一定要浇 1 次水。

整形修剪对于盆花的栽培与管理起着关键的作用，不仅有利于创造良好的株型，还可以调节植株的生长，提高开花结果的质量。整形修剪时要注意根据花卉的开花习性来确定整形修剪的时间和部位。

适当修剪更美观

较为简单的修剪方法主要有：短截，就是把枝条的一部分剪掉，使枝干分布均匀；疏剪，即减掉内向枝、病虫枝、徒长枝和衰老枝条，有利于植物健康生长；除叶，即除掉残叶、黄叶、有病害的叶片等。较为复杂的整形修剪方法包括支架与诱引法、绑扎与捏形法。

支架与诱引法

用来修整攀缘性强、主干与枝条柔软的花卉，如昙花、文竹、令箭荷花等。主要是通过支架和诱引的方法使植物的枝叶均匀地分布，方便透气。

选择的支架应该光滑、美观、粗细均匀。

绑扎与捏形法

这种方法主要是让植物有好的株型，看起来赏心悦目。通过对盆花枝条的修整，将整株花卉绑扎捏成各种美丽的形状。

花草病虫害防治策略

常见病害及其防治

花草是有生命的，和人一样，花卉也会生病，也会出现“水土不服”，对高温或低温不适应，水肥的过多或过少和细菌的滋生都会使花卉生病。病虫害会危害花卉的健康，使花卉失去鲜艳的外表、枯萎甚至死亡。防治病虫害应对症下药，才能有效医治。花卉病害的原因主要有传染性病害和非传染性病害两种。

传染性病害

传染性病害主要是由真菌、病毒、细菌等寄生在植株体内而引起的病害，并且还会传染蔓延。常见的传染性病害主要有以下几种。

白粉病

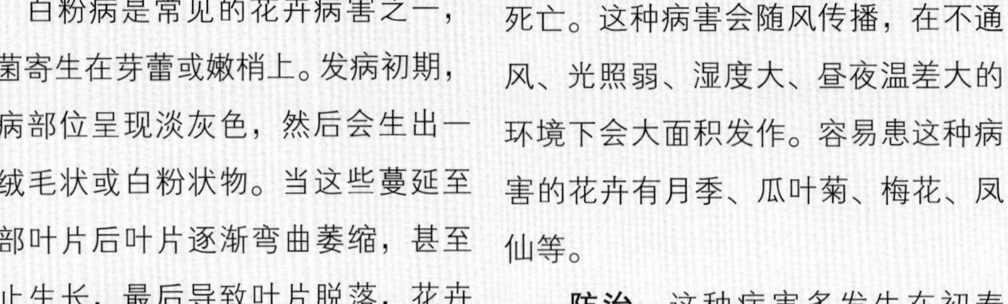

白粉病是常见的花卉病害之一，病菌寄生在芽蕾或嫩梢上。发病初期，发病部位呈现淡灰色，然后会生出一层绒毛状或白粉状物。当这些蔓延至全部叶片后叶片逐渐弯曲萎缩，甚至停止生长，最后导致叶片脱落，花卉死亡。这种病害会随风传播，在不通风、光照弱、湿度大、昼夜温差大的环境下会大面积发作。容易患这种病害的花卉有月季、瓜叶菊、梅花、凤仙等。

防治：这种病害多发生在初春或初秋，因此，要注意花卉的通风情况，控制温度、湿度、光照等各方面的条件，也可以施少量磷钾肥，增加花卉的抵抗力。发病初期尽早剪去染病的叶片并烧毁，喷 0.3 波美度的石硫合剂。发病后喷 5% 代森铵水溶液 1 000 倍或 1 000 倍的硫菌灵溶液。

炭疽病

炭疽病是一种植物皮肤病，主要侵染植物的叶片、花蕾、果实和嫩茎等，老叶最容易患病。发病初期，叶片上会出现圆形或椭圆形的红褐色小斑点，然后会慢慢扩大，斑点颜色逐渐加深直至深褐色。受害的叶片会枯萎致死。容易受到危害的花卉有山茶、米兰、茉莉、含笑、万年青、君子兰等。

防治：在保持花盆通风换气的同时，将受害的叶片摘除并烧毁。也可以在发病初期喷洒 50% 多菌灵可湿性粉剂 700 ~ 800 倍液、50% 炭疽福美可湿性粉剂 500 倍液、70% 甲基硫菌灵可湿性粉剂 800 ~ 1 000 倍液或 75% 百菌清 500 倍液，连续喷洒 2 ~ 3 次，每隔 7 ~ 10 天喷洒 1 次。

黑霉病

又叫煤烟病，一般由蚜虫分泌的蜜露而引起。当出现这种病害时，也意味着有虫害发生。这种病害会导致叶片进行光合作用的能力减弱，气孔堵塞，叶片脱落。

防治：可用稀释的肥皂水治疗。

立枯病

主要的侵染部位是植物的根颈部和嫩茎接近地面的部分，常附着在土壤表层。早期发病的幼苗会出现病斑，然后腐烂、猝倒，或者直立枯倒，因此又称为猝倒病。染病期为花苗出土 20 天左右。容易受害的花卉有石竹、松柏苗、四季海棠、翠菊、一串红、鸡冠花、半枝莲、唐菖蒲等。

防治：防治这种病害最关键的一步是对幼苗用土进行彻底消毒。可以使用药物五氯硝基苯和福尔马林浇灌在土壤上，对土壤进行消毒。栽种幼苗之前，选用新瓦盆和素面沙。幼苗出土时，可以喷洒 0.5% 硫酸亚铁溶液、1% 波尔多液或 50% 代森铵溶液 200 倍液，用来消灭表层病菌，以避免幼苗受到病害的侵扰。

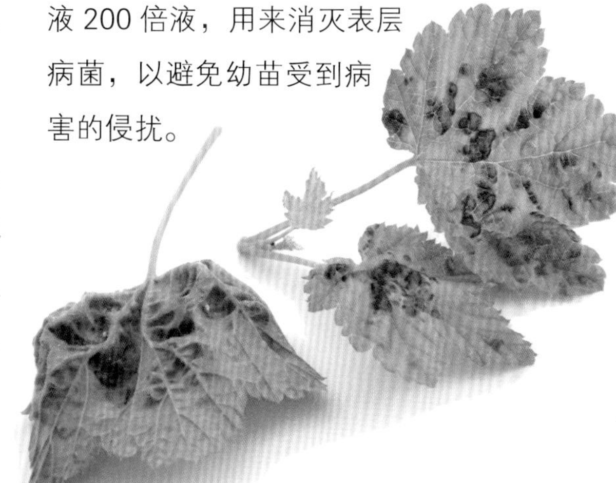

铁锈病

铁锈病是由锈病真菌引起的病害，容易染病的部位有叶片、嫩茎、花梗、萼片、叶柄等。初期发病时叶片上会出现淡白色斑点，逐渐扩大变成黄色锈斑，斑点呈颗粒状隆起，并伴有锈黄色粉末。然后叶片会枯竭致死，其他部位肿胀、扭曲。容易患此病的花卉有向日葵、美人蕉、萱草、牵牛花、月季、鸢尾等。

防治：除了加强管理，还可以适当施磷肥和钾肥，增强抵抗力。患病的枯叶及时处理，减少扩散。发现有病害侵入时，可以用25%三唑酮可湿性粉剂1 500倍液喷洒2～3次；1%波尔多液或50%疫霉净500倍液，每隔10～15天喷洒1次治疗。

非传染性病害

主要诱发因素有湿度、阳光、水分、温度、养分等出现异常，花卉不适应，造成花卉生病。如耐旱型花卉浇水过多导致养分流失，花叶枯萎；冬季防冻措施不当，遭受冻害；喜酸性花卉经常浇灌碱性水质，致使叶片干枯等。这种病害只是让花卉本身受到伤害，不会传染给其他花卉。

防治：这种病害是花卉对于环境的不适而引起的叶片变黄、脱落，只要根据花卉的生活习性进行正确的栽培，病症便会缓解。

正确的做法是：合理施肥，适量浇水；选择无病和抗病的品种；及时除草，适期修剪；深翻、换土、培土；物理防治进行控制，同时结合化学防治。

常见虫害及其防治

虫害主要有两种，一种是刺吸式害虫，如红蜘蛛、介壳虫、蚜虫等；另一种是咀嚼式害虫，如天牛、蝼蛄、蛴螬等。

介壳虫

这种虫害发生得较为普遍，虫类种类繁多，许多花卉都有危害。受到此类虫害的花卉叶片会变黄，甚至枯黄，排泄物会引发黑霉病，使花卉枝叶变黑影响生长。常见的受害花卉有苏铁、含笑、茶花、白兰、桂花、九里香、散尾葵等。

防治：使用药物消灭，可以选择80%敌敌畏乳油或50%马拉硫磷乳油1 500倍液喷杀。可以间隔几日连续喷洒数次，效果更显著。

蚜虫

蚜虫是最常见的害虫，有很强的繁殖能力，种类多，多附着在花卉的嫩叶、嫩梢和嫩芽上，吸收植物的养分。花卉受害的部位呈现褐色，叶片呈弯曲状。它的排泄物会诱发煤污病，污染花卉，导致花卉无法正常生长。容易受到此虫侵袭的花卉有变叶木、九里香、万年青、报春花、菊花、茶花等。

防治：发现植株上有蚜虫时，要尽早采取防治措施。可以喷洒 1 500 倍乐果乳油或加酶洗衣粉，还可以使用烟草水、除虫菊和鱼藤精，这些都可以有效地杀死蚜虫。

红蜘蛛

红蜘蛛是红色的小型螨类害虫，危害面积极大，常利用刺吸式口器刺进叶肉和叶茎来吸收植物体内的汁液，导致植物叶片枯黄、脱落。常见的受害花卉有九里香、一串红、蜀葵、仙人掌、杜鹃等。

防治：经常通风换气，配以药物喷杀，可以达到良好的治疗效果。若发现这种虫害，可以用 25% 杀虫脒加水混合成 1 000 倍液喷雾，或者用 1500 倍乐果乳油也可以达到相同的效果。

天牛

这种害虫一般附着在花木上，通过吸食花粉、嫩茎和叶子进行危害。花茎被其吸食变成空心，生长和发育被阻碍，甚至枯死。常见的受害花卉有樱花、柑橘、金鸡菊、无花果、枇杷、海棠等。

防治：前期注意观察花卉的生长情况，发现有幼虫或虫卵时，可以用工具将其除净。也可以在花木的主干和主枝上刷白涂剂，由 1 ~ 2 份食盐、40 份水、10 份生石灰和少量石硫合剂制成。

毛虫

毛虫大多是蛾或蝶的幼虫，有极强的繁衍速度。它们用锋利的牙齿咬噬花卉的叶片背面，吸食叶肉。受到侵害的花叶只剩下表皮，有时甚至被吃光叶片，只剩下茎干。遭到这种虫害的花卉不能进行光合作用，而且植物内的营养成分也会流失，造成极大的伤害。

防治：如果在花卉上发现毛虫，先看数量多少，若数量少可人工清除，如果数量多可以喷洒药物杀灭。可使用灭虫灵等杀虫剂，但是要注意量不能太多，否则会影响花卉的正常生长和发育。

科学调控，花香自来

科学地调控花期，可以使室内一年四季都有鲜花开放，美化环境。但是花期调控毕竟是人为的，我们不必急于掌握这门技术，而是应先了解每一种花卉的生长习性，选择高质量的花卉，才能顺利开花结果。每一种花卉使用的花期调控方法都不尽相同，受到湿度、温度、时间等诸多因素的影响。

在第一次实施花期调控时，做好湿度、温度、时间的变化记录以及所采用的处理方法，便于总结经验。只有在充分掌握了这门技术之后，才可以逐步扩大调控范围。要想家中花卉开放期延长，可以选择以下几种方式。

温度调控

温度调控是指利用温度对花卉的影响，调节花卉的休眠期、花芽形成期、成花诱引和花茎伸长期等。

春化作用

花卉生长的一个周期内，通过降低温度来实现调节花期。

花芽分化

适宜的温度对于花卉的花芽分化能起到关键的作用。只有在适温条件下，花芽分化才能进行顺利。

休眠控制

通过温度控制来调节休眠期可以增大休眠胚或生长点的活性，使营养芽的自发休眠被打破，促进萌芽的生长。其过程为低温使休眠器官解除休眠状态，然后进入生长的条件，就可以实现花期调控。

花芽发育

春化作用完成后，一些花芽会进入休眠状况，因此要进行温度调控来解除休眠，促使开花结果。

光照调控

花卉对于光照的需求是分种类和生长发育期的，不同的种类或者不同的生长发育期都会影响花卉对于光照的吸收。但是，制约花卉花期的重要因素是光周期。因此，我们要通过花卉的光照时间来进行花期调控。

光周期处理时期的计算

植物临界日照长度小时数和所在的地理位置决定光周期处理开始的时期。如地理位置处在北纬40° 的地方，10 月初至 3 月初的自然日照长度是

12 个小时，对临界日照长度 12 小时的长日照植物需要进行长日照处理。

短日照处理

短日照处理的作用与长日照处理相反，是促成短日照花卉的栽培，抑制长日照花卉的栽培。主要方法是利用黑色遮光物对花卉进行遮光处理，使日长小于临界小时数，多以春季和初夏为主。当然，夏季最好选择透气性能好的黑色遮光物，防止高温对花卉的伤害，夜晚便取走遮光物，使植物与自然夜温相近。

长日照处理

长日照处理用于促成长日照花卉的栽培和抑制短日照花卉的栽培。主要方法有：延长照明、彻夜照明、交互照明、间隙照明、暗中断法等。最普遍的方法是延长照明和暗中断法。

延长照明是在日出前或日落后提供花卉一定时间的照明，延长植株的明期到临界日常小时数之上。

暗中断法是在午夜时提供花卉一定时间的照明，隔断长夜的黑暗，使连续的暗期小于临界暗期小时数。夏末和初秋、早春的夜照小时数是 1 ~ 2 小时，冬季照明小时数是 3 ~ 4 小时。

水肥调控

有些花卉开花、结果时间很短，因为遇到恶劣的环境，它们便会快速完成延续后代的过程。这种花卉的特性适合运用水肥控制来调节开花时间。如三角梅，在合适的生长环境下，停止浇水至叶片脱落，再少量浇水，20 天左右便会开花结果。此外，对陆续开花的花卉适量地增施 1 次氮肥，可以促进花芽分化，改变花期。但需注意，要在花卉开花的末期才能施肥，如果是开花前期或者施肥过多，反而会适得其反。

修剪调控

修剪调控的主要目的是通过摘叶、摘心、修剪、剥芽、摘蕾等手段来实现花期调控。

药物调控

药物调控也可以调节花卉开花结果时间。市场上常用的药物有矮壮素、多效唑、赤霉素、乙烯利、细胞分裂素、甲哌鎓等。其中赤霉素是最有效的花期调控的药物，养花爱好者常用它来处理君子兰和水仙的花茎、芍药和牡丹的休眠芽等。

花卉四季养护宝典

花卉的栽培与管理对于养花爱好者来说十分重要，尤其要依据季节的更替采取适当的栽培与管理技巧，这对花卉的生长与发育影响很大。

春季栽培要点

春季是万物复苏的季节，也是养护花卉的好季节。花卉经过一个严冬变得更加脆弱，因此，春季既要做好花卉的养护，也要做好花卉的繁育工作。下面是几点养护花卉的经验分享。

把握出室好时机

早春时节的温度变化异常，花卉在这段时间不适宜出室，否则容易受到冻害。因此，要把握好出室时机。

可根据花卉的抗寒程度选择出室时间，北方室内花卉一般在清明到立夏气温相对稳定的情况下出室。如月季和迎春在 4 月初左右便可出室；而米兰和朱槿等要等到 5 月末 6 月初才可出室。

更换土壤好营养

土壤对于花卉的影响是不可估量的，盆内有限的土壤若常年不换，不足以提供盆花的营养。经常更换盆土补充土壤缺失的营养成分，花卉才能正常茁壮地生长和发育。但是换土次数也不能过于频繁，还应根据花卉的生长状况逐渐更换花盆的大小。

一二年生花卉一般生长比较快，应在开花前换 2 ~ 4 次盆。而宿根花卉每年换 1 次盆土，木本花卉生长速度慢，可以 1 ~ 2 年换 1 次。宿根和木本花卉应该在早春时进行换盆，等开花后可再次换盆土。

善于修剪、浇水和繁殖

春季适宜修剪，为花卉进行分株、扦插、疏枝和摘心，一般在花卉即将萌芽时进行。春季也是繁殖花卉的好时机，一般的花卉都适合在此时繁殖。

春季还处于干燥时期，花卉生长发育又需要大量的水分和肥料，因此浇水要遵循“不干不浇，浇就浇透”的原则，保证土壤湿润。每天中午用清水喷洒枝叶，有助于花卉的生长。

夏季要重视管理

夏季对于花卉生长来说最大的阻碍便是温度过高，容易灼伤花叶，影响其生长和发育。要想安全地度过炎热的夏季，应在各方面加强对花卉的管理。

遮阴有方法

许多喜阴性花卉不能在高温和强光下生存，需要采取遮阴措施，帮助这些花卉度过炎热的夏季。

在阳光强烈时将盆花放置在树阴、阴棚下或通风较好的室内，保持透气和散射光，并经常喷水，降低温度。

防涝要及时

夏季多雨，盆土积水后养分流失快，应将盆倾斜，倒去多余的雨水。如果出现渗水太慢的情况，要及早换盆，垫好盆底的排水层。

当然，夏季也要适当进行修剪、施肥和喷水，根据花卉的不同种类，采取不同的管理措施。

秋季要重视养护

经过了炎热的夏季，花卉又迎来一个生长的好季节。秋季的光照充足，温度适宜，应加大花卉的栽培力度，提供充足的营养，保证花卉强健，能接受严冬的挑战。

花期调节

许多花卉的开花时间都在冬季，要采取促成栽培和抑制栽培来调节花期。如菊花是短日照花卉，要采用补光措施来延迟其开花的时间。补光从9月初开始到预计开花前50天。

肥水管理

肥料可以促进花卉的健康生长，但要根据花卉的休眠情况施不同的肥。磷钾肥适合冬季休眠的花卉，氮肥有利于冬季不休眠的花卉，但要和磷钾肥配合使用。

中耕除草

中耕对花卉的生长有益无害，不仅可以疏松土壤、减少水分的流失，还可以分解养分，促进空气的流通。杂草会争夺花卉的养分，中耕同时可以除草。一般中耕深度为 3 ~ 5 厘米。

冬季要重视防冻

冬季花卉容易受冻，因此要做好花卉的防冻工作。根据不同花卉对于温度的不同需求，确定不同的入室时间。休眠的花卉放置在 3 ~ 5℃的室内，半休眠的花卉放置的室内最低温度要达到 5℃，不休眠的花卉放置在 8 ~ 10℃的室内即可。

光照适宜，通风换气

冬季花卉即使是在室内也要注意放在阳光照射得到的地方，以确保光照，并保持室内空气流通，注意避免冬季冷风直接吹在植株上。

减少施肥

在冬季大多数花卉都进入了休眠期，需要的养分很少，所以要减少或停止施肥，否则容易导致花卉根系腐烂，影响生长。

保证适宜温度

冬季气温较低，不同的花卉适应的最低温度不同，应该视花卉品种调节温度，确保适宜花卉生长。

增加空气湿度

冬季空气干燥，尤其是北方的室内，不利于花卉正常生长。此时应该在中午前后适量喷水，增加空气湿度，给花卉一个舒适的环境。

经常清洁叶面

冬季空气相对干燥，落在花卉叶片上的尘土也会增多。此时应该用柔软的棉布对花卉叶片进行擦拭，之后自然风干即可。

第二章
绿意葱茏的
观叶植物

文竹

/ 来自热带的“文雅”植物 /

花言花语

别　名：	云片竹、山草、刺天冬、刺天门冬、鸡绒、鸡绒芒、芦笋三草、芦笋小草、蓬莱松、平面草、西洋文竹、新娘草、云片松
科　属：	百合科天门冬属
种养关键：	怕烟尘、忌强光
易活指数：	
适宜摆放地：	客厅、几案、书桌

养花心经

土壤

文竹喜潮湿但在不是特别干燥的环境下也能生长，对土壤和水分要求较严，过湿或水涝都不适宜，喜排水良好、富含腐殖质的沙质壤土。

温度

由于文竹原产南非，所以其性喜温暖湿润和半阴环境，不耐严寒，不耐干旱，忌阳光直射。生长适温为15 ~ 25℃，越冬的适宜温度为5℃左右。

光照

文竹不喜强光，夏季应将文竹放在向阳室内阳光照射不到的地方。强光直射极易造成枝叶枯黄，可经常向枝叶上喷水以防止高温危害。

水分、湿度

一般是盆土表面见干再浇，如果感到水量实在难于掌握，也可以采取大、小水交替进行，即浇3 ~ 5次小水后，浇1次透水，使盆土上下保持湿润而含水不多。夏季早晚均应浇水。

护花常识

施肥

生长季节每周应浇一次腐熟的稀薄液肥或复合化肥，并及时浇水、松土。如施肥过浓或施的肥未腐熟，均易引起“烧根”，导致叶子干枯、脱落。

修剪

文竹生长较快，要随时疏剪老枝、枯茎，保持低矮姿态。同时，及时剪去蔓生的枝条，保持挺拔秀丽、疏密有致而青翠的生长态势。剪切枝叶均应从基部剪切，并与疏枝结合进行，能起到复壮的作用。剪切枝叶不可过量，应保持足够的营养面积。

换盆

换盆应以早春为宜，可在盆土底部垫一层约占盆高 1/5 的硬塑料泡沫碎块，以利于透气、排水。需注意的是刚换土时不宜浇太多的水。

繁殖

可用播种和分株法繁殖。种子在温度 20 ~ 30℃时 1 个月左右即可发芽。当苗高 5 厘米以上时即可移入小盆。一般 3 ~ 5 年生的植株生长较茂密，可进行分株繁殖。

越冬

文竹在北方不能室外越冬，气温下降应及时将文竹移入室内，室温保持在 15℃以上。花盆应放置在向阳窗台上，叶子要与玻璃有一段距离，以防叶子局部受冻干黄。北方冬季空气干燥，对文竹的生长极为不利，每天中午可向叶面喷雾，保持枝叶翠绿。

病虫害

在湿度过大且通风不良时易发生叶枯病，应适当降低空气湿度并注意通风透光。发病后喷洒 200 倍波尔多液，或 50% 多菌灵可湿性粉剂 500 ~ 600 倍液，或喷洒 50% 硫菌灵可湿性粉剂 1 000 倍液进行防治。夏季易发生介壳虫、蚜虫，可用 40% 氧乐果 1 000 倍液喷杀。

健康链接

文竹在夜间除了能吸收二氧化硫、二氧化氮、氯气等有害气体外，还能分泌出杀灭细菌的气体，减少感冒、伤寒、喉头炎等传染病的发生，对人体的健康是大有益处的。而且，可以对肝脏有病、精神抑郁、情绪低落者有一定的调节作用。

金钻

/ 大方清雅的"辟邪王" /

多子多福。

花言花语

别　　名：	春芋、羽裂喜林芋、喜树蕉、小天使蔓绿绒、羽裂蔓绿绒
科　　属：	天南星科喜林芋属
种养关键：	忌过湿环境、夏日强光需遮阴
易活指数：	
花 果 期：	盆栽很少开花
适宜摆放地：	客厅、书桌、餐桌、茶几等

养花心经

土壤

对土壤要求不严，在富含腐殖质排水良好的沙质壤土中生长最佳，盆栽多用泥炭土、珍珠岩混合配制营养土。

光照

喜光照又忌强烈的光照直射，生长环境最好以半阴或散射光条件养护，不可长期摆放于荫蔽的环境下，否则叶片极易发黄。

温度

喜温暖、湿润的半阴环境，畏严寒，生长适温为 20 ~ 30℃，10℃左右就开始生长。

水分、湿度

夏季每天浇 1 次透水，经常向叶面喷水，清洗叶面，保持清新湿润。冬季若环境温度低于 15℃，需要见干即浇。常通过喷水、洒水来增加空气湿度。

护花常识

施肥

金钻喜肥，施肥以薄肥勤施为原则，并以氮肥为主即可。在金钻5～9月的生长旺季里，每月施肥水1～2次，忌偏施氮肥，否则会造成叶柄细长软弱，不易挺立，影响观赏效果。其他季节里也要尽量少施肥。

修剪

正常情况下，如果有金钻叶片变黄，只要剪除就可以了。

换盆

培养良好的金钻根茎处会出现一些棕红色的根，并很快长出新芽，这时可以及时地分盆。分盆过程中一定要小心仔细，避免伤到主根。分出的幼苗另栽于疏松肥沃的沙质土壤中，然后放在室内半阴的地方，并注意经常喷水，防止幼苗打蔫，1周以后逐渐减少喷水次数。半个月左右幼苗就能成活，可以进行正常的养护了。

繁殖

主要采用扦插繁殖、分株繁殖。扦插繁殖以5～9月为宜，剪取生长健壮且枝干较长的茎干，直接插入干净的河沙中，置于半阴处，保持较高的空气湿度，温度以25℃为宜，20～25天即可生根。分株繁殖可在老株基部生有新株时，结合换土换盆进行，将新株从老株上小心分离，尽量不伤老株不伤根。

越冬

10月初入室防寒越冬，在低温时需要柔和充足的光照，不可长时间荫蔽以致叶片黄枯。应根据温度变化，逐渐从光照较强处向荫蔽处移动。畏严寒，越冬温度不可低于10℃，并控制浇水量保持盆土微潮即可。

病虫害

病害主要是由于养护或环境不适引起的，一般通过良好的养护管理即可预防，发病时喷施多菌灵、百菌清等进行防治即可。虫害主要有红蜘蛛，一般因空气干燥所引起，勤喷水并擦拭叶片即可有效预防，有虫害时需要喷施专杀药剂进行防治，如三氯杀螨醇等。

常春藤

/ 身形优美的藤中仙子 /

寓意

结合的爱，忠实，友谊。

花言花语

别　　名：	土鼓藤、钻天风、三角风、散骨风、枫荷梨藤
科　　属：	五加科常春藤属
种养关键：	置于冷凉环境，忌高温、不耐涝、喜肥
易活指数：	
花期：4～5月	果期：8～9月
适宜摆放地：	庭院、阳台

健康链接

常春藤可以净化室内空气、有效清除室内的三氯乙烯、硫化氢、苯、苯酚、氟化氢和乙醚等，为人体健康带来极大的好处。常春藤能有效抵制尼古丁中的致癌物质。通过叶片上的微小气孔，常春藤能吸收有害物质，并将之转化为无害的糖分与氨基酸。

养花心经

土壤

常春藤耐干旱，耐贫瘠，在肥沃湿润的沙质土壤中生长良好。忌碱性土壤。

光照

常春藤喜光，也较耐阴。因此，适宜放室内光线明亮处培养。

温度

生长适温为 20 ~ 25℃，怕炎热，不耐寒。因此放置在室内养护时，夏季要注意通风降温。

水分、湿度

生长季节不能让盆土过分潮湿，否则易引起烂根落叶。

护花常识

施肥

家庭栽培常春藤，生长季节 2 ~ 3 周施 1 次稀薄饼肥水。氮、磷、钾三者的比例以 1 ∶ 1 ∶ 1 为宜。生长旺季也要适时向叶片上喷施 1 ~ 2 次 0.2% 磷酸二氢钾溶液。

换盆

换盆时要把整个根部连泥土拿出，松动泥土，剪掉部分根系，也就是把整个根部修小一点，然后换上新土，放回原来的盆里。

病虫害

病害主要有藻叶斑病、炭疽病、细菌叶腐病、叶斑病、根腐病、疫病等。虫害以卷叶虫、介壳虫和红蜘蛛的危害较为严重，可以在发病前喷洒 65% 代森锌 600 倍液预防。

修剪

幼苗上盆后长到一定高度时要注意及时摘心，促使其多分枝，则株型显得丰满。

越冬

冬季室温低，尤其要控制浇水，保持盆土微湿即可。最好每周用清水喷洗，以保持空气湿度，则植株显得有生气，叶色嫩绿而有光泽。

繁殖

常春藤可采用扦插法、分株法和压条法进行繁殖。除冬季外，其余季节都可以进行。扦插法适宜在 4 ~ 5 月和 9 ~ 10 月进行，切下半成熟枝条作插穗，其上要有 1 至数个节，插后要遮阴、保湿，3 ~ 4 周即可生根。

发财树

/四季常青的八角植物/

财源滚滚、兴旺发达、前程似锦。

花言花语

别　　名： 瓜栗、中美木棉、鹅掌钱

科　　属： 木棉科瓜栗属

种养关键： 保持阳光充足，忌积水

易活指数：

花期： 4～5月

果期： 9～10月

适宜摆放地： 客厅、书房、卧室、电视机旁等

养花心经

土壤

喜肥沃疏松、透气保水的沙壤土和酸性土，忌碱性土或黏重土壤。

温度

喜高温高湿气候，而且性喜温暖、湿润、向阳或稍有疏阴的环境，生长适温20～30℃。夏季高温高湿，对发财树的生长十分有利，是其生长的最快时期。

光照

发财树性喜阳光照射，不能长时间荫蔽，应置于室内阳光充足处。摆放时，必须使叶面朝向阳光。否则，由于叶片趋光，将使整个枝叶扭曲。

水分、湿度

对湿度的要求较高，如果湿度较低或缺失，常常会出现落叶现象。因此，应注意经常给枝叶喷水，以增加必要的湿度。

护花常识

施肥

发财树为喜肥花木，对肥料的需求量大于常见的其他花木。每年换盆时，肥土的比例可占 1/3，甚至更多。在发财树的生长期，每间隔 15 天，可施用 1 次腐熟的液肥或混合型育花肥，以促进根深叶茂。

修剪

最佳修剪时间为 5 月上旬至中旬，此时的气温非常适合生长，利于萌芽生长新枝，修剪后的植株萌发的新枝数量多且枝条生长健壮。

换盆

盆栽的发财树 1 ~ 2 年就应换盆，在春季出房时进行，并对黄叶及细弱枝等作必要修剪，促其萌发新梢。

健康链接

发财树不仅美观，还能调节室内温度和湿度，有天然“加湿器”的作用。即使在光线较弱或二氧化碳浓度较高的环境下，发财树仍然能够进行高效的光合作用，吸收过多有害气体，放出充足的氧气，对人体健康有很大作用。

繁殖

可用播种或扦插法繁殖，扦插可于 5 ~ 6 月取萌蘖枝作插穗，扦入沙土中，注意遮阴，保湿，约一个月即可生根。春季也可利用植株截顶剪下的枝条，扦插在砂石或粗沙中，保持一定湿度，约 30 天可生根。

越冬

发财树忌冷湿，应注意做好越冬防寒、防冻管护。冬季最低生长温度 16 ~ 18℃，低于这一温度叶片变黄脱落，10℃以下容易死亡。入室后，气温不要低于 5℃，保持在 10℃左右较好，5 ~ 7 天浇水 1 次，并要保证给予较充足的光照。

病虫害

粉虱和介壳虫可用 50% 杀螟松乳油 1 500 倍液喷杀。红蜘蛛可喷 20% 三氯杀螨醇乳油 500 ~ 600 倍液、20% 甲氰菊酯乳油 2 000 倍液、5% 尼索朗乳油 1 500 倍液、40% 水胺硫磷乳油 1 500 倍液、40% 氧乐果乳油 1 500 倍液或 10% 的哒螨灵乳油 2500 倍液，特别注意要喷到所有新梢。

金钱树

/生机勃勃的“龙凤木”/

招财进宝、荣华富贵。

花言花语

别　　名：	金币树、雪铁芋、泽米叶天南星、龙凤木
科　　属：	天南星科雪芋属
种养关键：	注意做好越冬管理，忌暴晒、忌积水
易活指数：	
花　　期：	一般种植三四年会有开花现象，花期约20天
适宜摆放地：	家中客厅、书房及办公环境

养花心经

土壤

喜疏松肥沃、排水良好、富含有机质、呈酸性至微酸性的土壤。

温度

生长适温为20～32℃，不论是盆栽还是地栽，都要求年均温度变化小。每年夏季，当气温达35℃以上时，植株生长欠佳，应通过遮光和给周边环境喷水等措施来降温。

光照

喜暖热略干燥、半阴，畏寒冷，忌强光暴晒。

水分、湿度

因该植物具有较强的耐旱性，应以保持盆土微湿偏干为好。

护花常识

施肥

生长季节可每月浇施2～3次0.2%的尿素与0.1%的磷酸二氢钾混合液，也可浇施平衡肥，浓度为200～250毫克/千克结合硝酸钙使用。

修剪

一般只剪除枯黄的叶片及叶片边缘即可。

换盆

在春末夏初的时候比较适合换盆，注意换盆后要浇少量水。

病虫害

金钱树主要容易遭受寒伤、褐斑病、介壳虫、白绢病等病虫害，应及时识别，并作出相应的防治。

健康链接

金钱树能在吸收二氧化碳的同时放出氧气，使室内空气中的负离子浓度增加，甚至可以吸纳连吸尘器都难以吸到的灰尘，更重要的是吸收甲醛、苯系物、二氧化碳有害气体，杀灭空气中的病菌，对人体很有好处。

繁殖

主要采取分株、扦插、叶插等方法繁殖。如分株可在每年4月份，当室外的气温达18℃以上时，将大的金钱树植株脱盆，抖去绝大部分宿土，从块茎的结合薄弱处掰开，并在创口上涂抹硫黄粉或草木灰，另行上盆栽种即可。

越冬

冬季最好能维持10℃以上的温度，若室温低于5℃，易导致植株受冻进而严重危及生存。秋末冬初，当气温降到8℃以下时，应及时将其移放到光线充足的室内。在整个越冬期内，室内温度应保持在8～10℃之间。

橡皮树

/散发热带风情的绿色盆景/

寓意

长久。

花言花语

别　名：	印度橡皮树、印度榕
科　属：	桑科榕属
种养关键：	适宜半阴环境，不耐寒
易活指数：	
适宜摆放地：	客厅、会议室、大厅等

养花心经

土壤

对土壤要求不严，但忌黏性土，不耐瘠薄和干旱，喜疏松、肥沃和排水良好的微酸性土壤。

光照

橡皮树喜强烈直射日光，亦耐荫蔽环境。春到秋季整个生长季应放在阳光下养护，冬季亦应放在较强光线处。但它也能耐阴，在室内低光照下栽培也较好。但是在栽培过程中，每天应该使其接受不少于4小时的直射日光。

温度

性喜温暖湿润环境，耐寒性差，适宜生长温度20～25℃，温度低于10℃即停止生长。

水分、湿度

生长期间应经常保持土壤处于偏干或微潮状态。夏季是橡皮树需水最多的阶段，可每天早晚各浇水1次，并经常向叶子上喷水。冬季是橡皮树需水最少的时期，要少供水。

护花常识

施肥

一般每月施1～2次液肥或复合肥，生长旺季可每隔10天追1次较稀的液体肥料，同时保持较高的土壤湿度。入秋后，逐渐减少施肥和浇水的次数，以促进植物生长充实，利于越冬。

修剪

当苗木长到80厘米时应短截枝梢，保留60厘米高的主干。短截后剪口下面的侧芽将大量萌发，应选留3枚分布均匀的侧芽并将多余的抹掉，让其长成3根侧主枝。侧主枝生长1～2年后也应短截，每枝留下50厘米，将先端剪掉，同样培育成3根二级侧枝，从而形成三杈九顶的树形。

换盆

盆栽幼苗，每年春季必须换盆，成年植株可每2～3年换盆1次。

健康链接

橡皮树具有独特的净化粉尘功能，也可以净化挥发性有机物中的甲醛。另外，橡皮树是一种生命力非常旺盛、对环境的适应能力很强的花卉，所以一般不需要每天精心的照料，它依然可以生长得很旺盛。

繁殖

以扦插繁殖为主，也可采用压条法，甚至能得到成熟种子的还可以播种繁殖。花叶橡皮树最适宜压条法繁殖。扦插最适宜的季节为春季，可选用一年生的顶枝或侧枝，一般带2～3片叶，为防止白浆流出，插穗剪下后要蘸草木灰或涂上油漆，插于沙、蛭石或珍珠岩中，也可水插，温度保持25～30℃，3周左右生根。压条法先剥去茎干部的一圈树皮，然后用水苔藓或草炭土包被，保持湿润，3～4周生根后切离母本，单独栽植。盆栽用土以1份草炭土、1份园土、1份河沙混合即可，施以饼肥等作为基肥。

越冬

安全越冬不低于5℃。冬季室温不得低于14℃，当室温降到6℃、时间超过4小时橡皮树就会冻死。长期低温会引起根部腐烂。

病虫害

常见炭疽病、叶斑病和灰霉病危害，可用65%代森锌500倍液喷洒，虫害有介壳虫和蓟马，可用40%氧乐果乳油1 000倍液喷杀。

巴西木

/ 寄托美好祝福的“水木” /

坚贞不屈，坚定不移，
长寿富贵，吉祥如意。

花言花语

别　　名：	巴西铁树、香龙血树、龙血树、中斑龙血树
科　　属：	百合科龙血树属
种养关键：	秋冬季应严格控制浇水
易活指数：	
适宜摆放地：	客厅、书房、起居室内

养花心经

土壤

巴西木适宜于疏松、排水良好、含腐殖质丰富的肥沃河沙壤土。

温度

生长适温为 18 ~ 24℃，3 ~ 9 月为 24 ~ 30℃，9 月至翌年 3 月为 13 ~ 18℃。

光照

巴西木喜高温多湿气候。对光线适应性很强，稍遮阴或阳光下都能生长，但春、秋及冬季宜多接受阳光，夏季则宜遮阴或放到室内通风良好处养护。

水分、湿度

巴西木需要水分不多，对湿度要求却较高，喜湿、怕涝。叶生长旺盛期保持盆土湿润，空气湿度在 70% ~ 80%，并经常向叶面喷水，但盆土不能积水。冬季要控制浇水。

健康链接

巴西木吸收二甲苯、甲苯、三氯乙烯、苯和甲醛等有害气体，适合放在室内阳光充足的地方。

护花常识

施肥

盆栽巴西木，可用2/3的菜园土、腐叶土或肥沃塘泥晒干细碎和1/3的粗河沙拌匀混合配制成培养土。生长期先在基部或边缘埋施有机肥，然后每隔15~20天施1次液肥，或复合肥1~2次，以保证枝叶生长茂盛。施肥宜施稀薄肥，切忌浓肥，施肥期在每年的5~10月。冬季停止施肥，并移入室内越冬。

修剪

巴西木耐修剪，可通过修剪来控制植株高度和造型。为了使叶芽生长旺盛，适时剪除叶丛下部老化枯萎的叶片。

换盆

巴西木每年春季应换盆1次。新株每年换1次，老株2年换盆1次。换盆时，应将旧土换掉1/3，再换入新泥沙土，修整叶茎及茎干下部老化枯焦的叶片。

病虫害

常见叶斑病和炭疽病危害，可用70%甲基硫菌灵可湿性粉剂1 000倍液喷洒。虫害有介壳虫和蚜虫，可用40%氧乐果乳油1 000倍液喷杀。

繁殖

主要采用扦插法。将株型较差的枝干上修剪下的枝条作扦插材料，剪成5 ~ 10厘米一段，以直立或平卧的方式扦插在以粗沙或蛭石为介质的插床上。也可用水养法促其生根。具体方法是把切下的茎段插入水中，断面要平滑，上端为防止水蒸发可以涂上蜡，这在干燥的季节中显得特别重要；下端浸入水中2 ~ 3厘米，温度在25℃以上，水和容器要保持清洁。带叶片的顶尖生根较快，3 ~ 4周可生根上盆；茎段生根较慢，有时需2 ~ 3个月才能长出新根和新芽。

越冬

越冬温度为5℃。温度太低，叶尖和叶缘会出现黄褐斑，严重的还会被冻坏嫩枝或全株。所以，在北方冬季要移入温室养护。在室内摆放的，应摆放在有光照处，室温保持6 ~ 8℃以上为好。夜间遇温度低时，可套上塑料袋保温，白天太阳出来室温升高时，应及时拆去塑料袋，以便散热降温，防止闷坏。

海芋

/ 有毒的空气清新剂 /

志同道合、诚意、内蕴清秀、纯洁、幸福、纯净的爱。

花言花语

别　　名：	滴水观音、狼毒花、野芋头、山芋头、大根芋、大虫芋、天芋、天蒙
科　　属：	天南星科海芋属
种养关键：	注意做好肥水管理
易活指数：	
花期：4～7月	适宜摆放地：书房、客厅

养花心经

土壤

海芋对土壤的要求不高，但在排水良好、含有机质的沙质壤土或腐殖质壤土中生长最好。

光照

海芋喜阴，因此不要让阳光直射。6～10月需要遮阴，遮去50%～70%的阳光。

温度

海芋在不低于18℃的环境下才能生长好，如果气温低于18℃，海芋会处于休眠状态，停止生长。

水分、湿度

海芋特别喜湿，夏季高温时要加强喷水，既要保证盆土湿润，又要不时给叶面喷水。若冬季室温达不到15℃时应控制浇水，否则易导致植株烂根，一般每周喷1次温水即可。

护花常识

施肥

比较喜肥，3 ~ 10 月应每隔半月追施 1 次液体肥料，其中氮元素比例可适当增高，如能加入一些硫酸亚铁更好，这样叶片会长得大如荷叶、光洁可人。温度低于 15℃时应停止施肥。

修剪

适时剪除叶丛下部老化枯萎的叶片，以促发新叶。

换盆

第二年清明节过后，将海芋搬至室外，两周以后换盆。同时将盆土洒湿后脱盆，除去根部泥土，将病根、烂根剪掉，然后上盆，用配好基肥的新土覆盖，浇透定根水后放置阴凉处约 1 周，2 ~ 3 天后浇 1 次淡肥水。

健康链接

海芋的叶片大，释放氧气量也大，能形成“天然小氧吧”，还能增加空气中的湿度，防止室内过度干燥，但是海芋汁液有毒，切记不能误食。

繁殖

海芋可用分株、扦插、播种等方法繁殖。扦插法春、夏、秋三季皆宜。扦插期间应保持基质水分，同时要加大空气湿度，截取的老茎干可切成长度约 15 厘米的小段，置荫蔽处晾半天即可插入沙壤土中培植。7 ~ 10 天即可长出许多粗壮的根。在老株培植期间，因环境阴湿或夏、秋季每天早、晚对叶面进行喷水养护。分株法春、秋季节进行，此时海芋块茎会萌发出带叶的小幼苗，可结合翻盆换土进行分株。

越冬

海芋耐寒力不强，冬季温度不可低于 5℃。庭院种植的海芋 10 月中旬要移入室内。

病虫害

危害海芋的病虫害主要有叶斑病、炭疽病、红蜘蛛。叶斑病可用百菌清或多菌灵 800 倍液对叶面喷雾，连续 2 ~ 3 次即可，每次隔 7 天。炭疽病则须用 75% 的甲基硫菌灵 500 倍液对叶面喷雾，每隔 7 天喷 1 次，连续 2 ~ 3 次基本可以控制。虫害最严重的是螨，即通常所说的红蜘蛛。红蜘蛛一般生于叶背，可用螨虫清、哒螨灵、吡虫啉等药物进行治疗。

彩叶芋

/带来夏日斑斓凉意/

欢喜、愉快 。

花言花语

别　　名：花叶芋、二色芋

科　　属：天南星科花叶芋属

种养关键：置于荫蔽环境养护，忌阳光直射

易活指数：

花期：

4～5月

适宜摆放地：

客厅，书房等

养花心经

土壤

土壤要求肥沃疏松和排水良好的腐叶土或泥炭土。一般采用普通园土加腐叶土及适量的河沙混合，并加一些基肥，如堆肥、骨粉、油粕等。

光照

喜散射光，忌强光直射。要求光照强度较其他耐阴植物要强些。当叶子逐渐长大时，可移至温暖、半阴处培养，但切忌阳光直射。

温度

不耐寒，生长适温为 25 ～ 30℃，最低不可低于 15℃，气温 22℃时块茎抽芽长叶，降至 12℃时叶片枯黄。

水分、湿度

春夏两季需大量浇水。每天上、下午分别浇水 1 次，要注意保持较高的空气湿度，应经常向植株叶片喷水和向花盆周围洒水。入秋后叶子逐渐枯萎，进入休眠期控制浇水，使土壤干燥。

护花常识

施肥

花叶芋生长期为 4 ～ 10 月。每半个月施用 1 次稀薄肥水，如豆饼、腐熟酱渣浸泡液，也可施用少量复合肥，施肥后要立即浇水、喷水，否则肥料容易烧伤根系和叶片。立秋后要停止施肥。

修剪

生长期要及时剪除变黄下垂的老叶，如有抽生花茎也要剪除，以便使养分集中，促发新叶。

换盆

换盆在春季进行，每 1~2 年换盆 1 次。

繁殖

可采用分株、叶柄水插等繁殖方法。分株法繁殖时，4 月份将块茎周围的小块茎剥下，阴干数日，待伤口表面干燥后即可上盆栽种。也可在块茎开始抽芽时，用刀切割带芽块茎，待切面干燥后盆栽。室温应保持在 20℃以上，否则栽植块茎易因潮湿而难以发芽，甚至腐烂死亡。叶柄水插法繁殖时选择成熟的叶片，带叶柄一起剥下，插入事先准备好的盛有清水的器皿中，叶柄入水深度约为叶柄长度的 1/4，水插后每隔 1 天换 1 次清水，保持水质清洁即可，1 个月后成活。

越冬

当花叶芋块茎逐渐进入冬眠时，应将其放置室内荫蔽处，室温维持在 13 ～ 16℃，贮藏 4 ～ 5 个月后，于春季将其重新培植。

病虫害

主要有干腐病、叶斑病。干腐病可用 50% 多菌灵可湿性粉剂 500 倍液浸泡或喷洒防治。叶斑病可用 80% 代森锰锌 500 倍液、50% 多菌灵可湿性粉剂 1 000 倍液或 70% 硫菌灵可湿性粉剂 800 ～ 1 000 倍液防治。

朱蕉

/ 庭院中的清秀植株 /

青春永驻，清新悦目。

花言花语

别　　名：紫千年木、红竹、朱竹

科　　属：龙舌兰科朱蕉属

种养关键：不耐寒、忌干旱，注意适当修剪

易活指数：

花期：

11 月至翌年 3 月

适宜摆放地：

过道、客厅

养花心经

土壤

朱蕉要求疏松、排水良好的沙质土壤，一般多用腐叶土或泥炭土，以酸性草炭土加 1/3 的松针土为好。

光照

朱蕉喜光，在光照充足且多湿的条件下生长旺盛，但夏季光照太强，不利于朱蕉生长，叶片易老化、色暗，应注意遮阴。

温度

朱蕉不耐寒，喜温暖湿润的环境，生长适温为 20 ～ 28℃。

水分、湿度

宁湿勿干，平时最好用雨水浇灌。夏季除每天浇水外，还要向叶面和地面喷水 1 ～ 2 次。要求较高的空气湿度，以 50% ～ 60% 为宜，这样才能保证叶片滋润、艳丽。

护花常识

施肥

每月施 1 ～ 2 次以氮肥为主的薄肥水，则叶片鲜亮。非生长季节不需施肥。

修剪

春季适当修剪枯枝、重枝可促使发枝，使株型丰满，否则会过分瘦高。

换盆

每年春季新叶大量生长之前换盆，并结合修剪进行分株和扦插繁殖。

繁殖

可采用扦插繁殖，春季剪取顶端枝条，长 8 ～ 10 厘米，带 4 ～ 5 片叶，插入沙床中，保持湿润及 25 ～ 30℃的温度，约 1 个月即可生根。

越冬

冬季将盆栽朱蕉移至室内光线充足处，减少浇水并停止施肥，室温不低于 10℃可安全越冬。

病虫害

朱蕉易发生的病虫害有炭疽病、褐斑病、介壳虫等。一般是高温多湿、通风不良所致，如果加强通风、光照，在很大程度上能够避免。发现发病的枝叶，应及时摘除，最好能集中烧毁。对于炭疽病，可用 30% 特富灵可湿性粉剂 2 000 倍液或 75% 百菌清可湿性粉剂 800 倍液喷洒病株，隔 10 天左右喷 1 次。

花友交流

Q：朱蕉怎样水培？

A： 可以水培的朱蕉下部要有木质化的茎，如果木质化不充足，就难以生根。水培时，可将其茎部下端浸泡入水 3 ～ 5 厘米，并经常换水，换水时不要更换水温温差大于 3℃以上的水，而且还要用水冲洗水培器皿，如玻璃瓶等。不要用手触摸或洗涤朱蕉茎部，特别是浸入水中的部分。

银皇后

/ 越污染越洁净 /

花言花语

别　　名：	银后万年青、银后粗肋草、银后亮丝草
科　　属：	天南星科亮丝草属
种养关键：	喜散光，怕直射，夏季注意遮阴
易活指数：	
适宜摆放地：	小型盆栽可放在书桌、茶几及卧室台面，较大型植株适宜用来布置客厅、办公室等

养花心经

土壤

盆栽宜用疏松的泥炭土、草炭土最佳，亦可用腐叶土、沙质壤土混合，并用少量硫酸亚铁稀释后酸化土壤。

光照

喜散光，尤其怕夏季阳光直射。

水分、湿度

春秋生长旺季，浇水要充足，盆土应经常保持湿润，并经常用与室温相近的清水喷洒枝叶，以防干尖，但不能积水。

温度

喜温暖湿润的气候，不耐寒，在20 ~ 24℃时生长最快，30℃以上停止生长，叶片易发黄干尖。因此夏季应防暑降温，注意通风。一旦空气过于干燥，阳光又无遮无拦，若再加上气温高达30℃以上，极易造成植株叶尖枯萎。如果是这种情况，可将植株搬放于半阴的环境中，剪去枯叶，经常给叶面及环境喷水，新抽生的叶子可恢复到正常状态。

护花常识

施肥

生长旺季每半月施1次稀薄液肥，春末夏初可少施一些酸性氮肥，夏季增施氮肥，秋季可施些复合肥，秋末初冬停肥。

修剪

随着植株长大，为保持良好株型，基部老叶要勤剪。

繁殖

常用分株和扦插繁殖。扦插于春末初夏进行，将植株的茎用利刀切成带一两个节的小段，插于灭菌消毒过的素沙、蛭石、珍珠岩中。可将插穗横插于介质，但注意一定要将芽头向上；也可以竖插，但切忌插倒。

健康链接

银皇后所生存的空气中污染物的浓度越高，它越能发挥其净化能力，因此它非常适合在通风条件和光线条件不佳的房间内养护。

换盆

每两年应换盆1次。长时间未换盆，易致根系生长直抵盆壁，在高温高旱或天气寒冷的环境中，很容易造成根系先端萎缩坏死，使其丧失应有的吸收功能，从而导致叶尖干枯萎缩。如果是这种情形，可先将植株从花盆中倒出，剪去已枯死的叶片或坏死部分，再挑去一部分旧土，剪去一些老化或坏死的根系，重新换用新鲜的培养土栽好，将其放于凉爽、湿润、半阴的环境中，注意多喷水、少浇水，植株新抽出嫩叶即可恢复正常。

越冬

冬季应入室养护，越冬温度10℃为宜，不要低于5℃。

病虫害

银皇后株丛密集通风不良，易受介壳虫危害，应以预防为主。如发生介壳虫，可用50%马拉松乳剂1 000 ~ 1 500倍液每7天喷1次，连喷2 ~ 3次即可。

含羞草

/怕羞的天气预报员/

寓意

害羞。

花言花语

别　　名：知羞草、感应草、怕羞草

科　　属：豆科含羞草属

种养关键：注意做好肥水及越冬管理

易活指数：

花期：　　果期：

3～10月　　5～11月

适宜摆放地：阳台，且人不适合与之过多接触，否则易致脱发

养花心经

土壤

含羞草适应性强，喜温暖湿润，在湿润的肥沃土壤中生长良好，对土壤要求不严。盆栽土可用2份腐叶土、3份园土、5份细黄沙过筛后混合制成。

温度

含羞草喜温暖的环境，不耐寒。

光照

喜光，但又能耐半阴。

水分、湿度

含羞草喜湿润，栽植后要及时浇水，夏季生长期每天浇水1次。

护花常识

施肥

生长期需肥不多，施稀液肥2～3次即可，肥料不宜过多，以叶绿生长健壮即可。

修剪

随着含羞草的生长，应适时剪掉老枝、枯枝。

换盆

当含羞草长到了25厘米则需要换盆。盆以盆径12厘米的为宜，不要太大，如果盆土不散可以在此时换盆，也可在添加的培养土中加入少许的有机肥料作底肥，这样更利于其生长旺盛。换盆后浇透水即可正常管理，如果盆土散开则需要先放在半阴处，每天喷清水2次左右，连喷3～5天，待其逐渐恢复后再正常管理。

繁殖

可用种子播种繁殖，播前可用35℃温水浸泡24小时，浅盆穴播，覆土1～2厘米厚，以浸盆法给水，保持湿润，在15～20℃条件下，经7～10天出苗。

越冬

冬季应移到室内窗台上，室内温度在10℃左右即可安全过冬。在阳光充足的条件下，根系生长很快，需要每天浇水。

病虫害

含羞草易于养护，基本无病虫害。如有蛞蝓，可在早晨用新鲜石灰粉防治。

健康链接

含羞草全株有微毒，供药用有安神镇静之功效，鲜叶捣烂外敷可治带状疱疹。

花友交流

Q：为什么用手触碰含羞草的叶片后叶片会闭合？

A：植物学上把这种现象叫做感震运动，这是由于含羞草受原产地环境条件的影响，为躲避狂风暴雨，当雨水滴落于小叶和暴风吹动小叶时它即能感应，立即把叶子闭合，保护自己柔弱的叶片免受暴风雨吹折。

鸟巢蕨

/会自行收集落叶的植物/

吉祥、富贵、清香常绿。

花言花语

别　　名：巢蕨、山苏花、王冠蕨

科　　属：铁角蕨科巢蕨属

种养关键：注意保暖、保湿，做好肥水管理

易活指数：

花期：6～7月

果期：8～11月

适宜摆放地：客厅、卧室、办公室、书桌、阳台等

养花心经

土壤

盆栽土壤以腐叶土、泥炭土或蛭石等为主，并掺入少量河沙，也可用蕨根、碎树皮、苔藓或碎砖粒加少量腐殖土拌匀混合而成。

温度

鸟巢蕨的生长适温为16～27℃，其中3~10月为22～27℃，10月至翌年3月为16～22℃。夏季当气温超过30℃以上时，就要采取搭棚遮阴和给鸟巢蕨喷水等措施降温增湿。

光照

鸟巢蕨只需少量的散射光就能正常生长，因此盆栽可常年放在室内光线明亮处养护。盆栽鸟巢蕨切忌烈日暴晒。夏季应将其搁置于遮光70%以上的阴棚下，对其生长比较有利。

水分、湿度

生长季节浇水要充分，特别是夏季，除栽培基质要经常浇透水外，还必须每天淋洗叶面2～3次，同时给周边地面洒水增湿。冬季气温较低时，以保持盆土湿润为好，可多喷水，少浇水，以免积水而造成植株烂根。

护花常识

施肥

生长旺盛季节宜每半月浇施1次氮、磷、钾均衡的薄肥，可促使其不断长出大量新叶。夏季气温高于32℃，冬季棚室温度低于15℃时，应停止一切形式的追肥。

修剪

生长期要及时剪除变黄下垂的老叶，促发新叶。

换盆

每两年换盆1次，将其从花盆中脱出，抖去宿土后，剪去部分残根和枯黄的叶片，剥离的子株另行栽种，老株更换栽培基质后换一个稍大一点的盆具栽好。另外，每年的春季可在盆内添加少许碎石灰，有益于其旁生子株的生长发育。

越冬

冬季最好保持室温在15℃以上。

繁殖

主要有分株法和扦插法繁殖。分株一般在4月中下旬进行，选择生长健壮的植株，将其根状茎连同叶片和根丛切割成若干块，剪去叶片的1/2，分别上盆，环境温度控制在25℃左右成活率较高，需注意盆土不能太湿，以免引起烂根。扦插法繁殖则取叶片插入沙床中，生根后移入容器进行培育，成苗后上盆栽植。

病虫害

主要易受炭疽病和线虫的危害。炭疽病发病初期，可用75%的百菌清可湿性粉剂600倍液，或70%的甲基硫菌灵可湿性粉剂1 000倍液均匀喷雾，每10天喷1次，连续喷3～4次。线虫可用硫线磷或克百威颗粒撒施于盆土表面，杀虫效果较好。

铁线蕨

/婆娑柔韧的小“银杏”/

无悔、雅致、少女的娇柔。

花言花语

别　　名：	铁丝草、少女的发丝、铁线草、水猪毛土
科　　属：	铁线蕨科铁线蕨属
种养关键：	注意施肥、忌直射光
易活指数：	
适宜摆放地：	案头、茶几、窗台、过道、客厅

养花心经

土壤

铁线蕨喜疏松透水、肥沃的石灰质沙壤土，盆栽时培养土可用壤土、腐叶土和河沙等量混合而成。

光照

喜明亮的散射光，忌阳光直射。光线太强，叶片枯黄甚至死亡。夏季可适当遮阴，长时间强光直射会造成大部分叶片枯黄。在室内应放在光线明亮的地方，即使放置一年也能正常生长。

温度

铁线蕨喜温暖、湿润和半阴环境，生长适宜温度白天 21 ~ 25℃，夜间 12 ~ 15℃，冬季越冬温度为 5 ℃。

水分、湿度

在气候干燥的季节，可经常在植株周围地面洒水，以提高空气湿度。生长旺季要充分浇水，特别是夏季，每天要浇 1 ~ 2 次水。浇水忌盆土时干时湿，否则易使叶片变黄。

护花常识

施肥

生长期每周施 1 次液肥，每月施 2 ~ 3 次稀薄液肥，施肥时不要沾污叶面，以免引起烂叶。由于铁线蕨的喜钙习性，盆土宜加适量石灰和碎蛋壳，经常施钙质肥料效果则会更好。冬季要减少浇水，停止施肥。

修剪

养护过程中发现有枯叶时应及时剪除，以保持植株清新美观，并有利新叶萌发。叶丛过密时可在每年秋季将老叶适当修剪，不然枝叶过于杂乱拥挤，就会导致生长衰弱，叶片发黄。

换盆

每年春季换盆 1 次，修剪去干叶和老根。盆土要换成新鲜、肥沃而又疏松的腐叶土，最好再加少量的砖屑。

健康链接

铁线蕨每小时能吸收大约 20 微克的甲醛，还可以抑制电脑显示器和打印机中释放出来的二甲苯和甲苯。另外，铁线蕨还可使人心情放松，有助于提高睡眠的质量。

繁殖

常用分株或孢子繁殖法。分株繁殖在室内四季均可，但一般在早春结合换盆进行。将母株从盆中取出，切断其根状茎，使每块均带部分根茎和叶片，然后分别种于小盆中。根茎周围覆盖混合土，灌水后置于阴湿环境中培养，即可取得新植株。孢子繁殖可剪取有成熟孢子的叶片，集中孢子并均匀地撒播于播种浅盆，从盆底浸水，保持盆土湿润，并置于 20 ~ 25℃的半阴环境下，约 1 个月孢子可萌发为原叶体，待长满盆后便可分植。

越冬

入冬后移入室内放于散射光处，室温保持 10℃左右，并保持空气湿润，这样叶片会长得鲜绿可爱。

病虫害

主要有叶枯病、介壳虫。叶枯病初期可用波尔多液防治，严重时可用 70% 的甲基硫菌灵 1 000 ~ 1 500 倍液防治。介壳虫可用 40% 的氧乐果 1 000 倍液进行防治。

肾蕨

/ 能入药的“土壤清洁工” /

花言花语

别　　名：蜈蚣草、圆羊齿、篦子草、石黄皮

科　　属：肾蕨科肾蕨属

种养关键：注意通风以防病虫害

易活指数：

花期：5～9月

适宜摆放地：盆栽可点缀书桌、茶几、窗台和阳台，也可吊盆悬挂于客厅和书房

养花心经

土壤

肾蕨喜湿润土壤，盆栽宜用疏松、肥沃、透气的中性或微酸性土壤。常用腐叶土或泥炭土、培养土或粗沙的混合基质。

温度

喜温暖，生长适温为20℃左右，冬季温度要在5℃以上。

光照

喜明亮的散射光，也能耐较低的光照，切忌阳光直射。

水分、湿度

春、秋季需充足浇水，保持盆土不干，但浇水不宜太多。夏季除浇水外，每天还需喷水数次。

护花常识

施肥

遵循“淡肥勤施、量少次多、营养齐全”的施肥原则。

修剪

无需过多修剪，生长期要随时摘除枯叶和黄叶，保持叶片清新翠绿。多修剪调整株型，并注意通风。

换盆

每1～2年换盆1次，盆底多垫碎瓦片和碎砖，先在盆底放入2～3厘米厚的粗粒基质或者陶粒来作为滤水层，其上撒一层充分腐熟的有机肥料作为基肥，再盖上一层基质，然后放入植株。上盆用的基质可以选用菜园土、炉渣、河沙等。上完盆后浇1次透水，并放在遮阴环境养护。

健康链接

肾蕨可吸附砷、铅等重金属，被誉为“土壤清洁工”。除此之外，肾蕨还是传统的中药材，以全草和块茎入药，全年均可采收，主治清热利湿、宁肺止咳、软坚消积。

繁殖

分株繁殖最方便，全年均可进行，以5～6月为好。此时气温稳定，将母株轻轻剥开，分开匍匐枝，每10厘米盆栽2～3丛匍匐枝。栽后放半阴处，并浇水保持土壤潮湿。当根茎上萌发出新叶时，再放遮阳网下养护。

越冬

肾蕨是蕨类中最强健的种类之一，冬季放在北方有暖气的室内不至于冻死，而且即便地上部分因低温死了，地下部分还有一颗颗类似鸡腰子一样的块根（肾蕨就是由此而得名），翌年天气暖和以后，它还会从那里发出新芽。

病虫害

肾蕨易遭受蚜虫和红蜘蛛危害，可用肥皂水或40%氧乐果乳油1 000倍液喷洒防治。在浇水过多或空气湿度过大时，易发生生理性叶枯病，注意盆土不宜太湿并用65%代森锌可湿性粉剂600倍液喷洒。

散尾葵

/ 潇洒美丽的耐阴植物 /

长寿富贵、吉祥如意，柔美，优美动人。

花言花语

别　　名：	黄椰子、紫葵
科　　属：	棕榈科散尾葵属
种养关键：	畏寒，室温低于 8℃枝叶易冻伤
易活指数：	

花期：3 ~ 4月

适宜摆放地：客厅

养花心经

土壤

对土壤要求不严格，但以疏松并含腐殖质丰富的土壤为宜。盆栽可用腐叶土、泥炭土加 1/3 的河沙或珍珠岩及基肥配制成培养土。

温度

低于 10℃时生长缓慢，开始进入半休眠或休眠状态；低于 8℃时就不能安全越冬；夏季，当温度高达 35℃以上时，生长会受到阻碍。最适宜的生长温度为 18 ~ 30℃。

光照

喜半阴，春、夏、秋三季应遮阴 50%。在室内栽培观赏宜置于较强散射光处；能耐较阴暗环境，但要定期移至室外光线较好处养护，以利恢复，保持较高的观赏状态。

水分、湿度

喜欢湿润的气候环境，要求生长环境的空气相对湿度在 70% ~ 80%。空气相对湿度过低，会使叶尖干枯。

护花常识

施肥

对于盆栽的植株，除了在上盆时添加有机肥料外，在平时的养护过程中还要进行适当地肥水管理。生长旺季要多施肥。在冬季休眠期，主要是做好控肥控水工作。入冬以后至开春以前，施肥 1 次，但不用浇水。

修剪

冬季修剪，在冬季植株进入休眠或半休眠期，要把瘦弱、病虫、枯死、过密等枝条剪掉。

换盆

换盆在春季进行，1 ~ 2 年需换盆 1 次。

繁殖

主要采用分株繁殖。一般在 4 月左右，结合换盆进行，选基部分蘖多的植株，去掉部分旧盆土，以利刀从基部连接处将其分割成数丛。每丛不宜太小，须有 2 ~ 3 株 ，并保留好根系，否则分株后生长缓慢，且影响观赏。分栽后置于较高湿环境中，并经常喷水，以利恢复生长。

越冬

冬季需做好保温防冻工作。在 10℃时停止生长，进入休眠期。6℃以下时，就需移入室内防寒保暖，室温需保持在 8℃以上。移入室内后，要放置在有光照处。如遇到天气转暖或出现下雨时，不要轻易搬出室外晒太阳或淋雨。当室温出现 20 ~ 25℃以上高温时，应开启门窗，以调节温度，换气降温。

病虫害

主要是叶枯病、根部腐烂以及红蜘蛛和介壳虫。叶枯病发生时要及时将受害枝叶剪除，阻止继续浸染。严重时可用 70%甲基硫菌灵 800 液或 75%百菌清 1 000 倍液喷洒，间隔 7 ~ 10 天喷施 1 次，连续喷 3 ~ 4 次，可有效控制病情。根部腐烂可以开启门窗，以调节温度，换气降温。红蜘蛛和介壳虫发生时定期用 800 倍氧乐果喷洒防治即可。

豆瓣绿

/ 防辐射的最佳植物 /

中立公正、雅致、少女的娇柔。

花言花语

别　名:	椒草、翡翠椒草、青叶碧玉、豆瓣如意
科　属:	胡椒科草胡椒属
种养关键:	注意通风透气、适当进行肥水管理
易活指数:	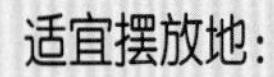

花期：2～4月及9～10月

适宜摆放地：茶几、装饰柜、博古架、办公桌

养花心经

土壤

喜疏松肥沃和排水良好的湿润土壤。

光照

忌阳光直射，宜在半阴或遮阴70%处生长。放在室内养护的，尽量放在光线明亮的地方，并每隔1～2个月移到室外半阴处或遮阴养护1个月，以让其积累养分，恢复长势。

温度

生长适温25℃左右，最低不可低于10℃，不耐高温。

水分、湿度

5～9月生长期要多浇水，天气炎热时，宜置于通风阴凉处，并对叶面喷水或淋水，保证空气中足够的湿度。但浇水过多易烂根，每次浇水宁少勿多，但要经常保持盆土湿润。

护花常识

施肥

对肥水要求多，但最怕乱施肥、施浓肥和偏施氮、磷、钾肥，要求遵循“淡肥勤施、量少次多、营养齐全”的施肥原则。在5～9月间，2～3周可施用1次肥料。在冬季休眠期，主要是做好控肥控水工作，浇水尽量安排在晴天中午温度较高的时候进行。

繁殖

主要是扦插繁殖和分株繁殖。扦插繁殖要求在4～5月选健壮的顶端枝条，长约5厘米作为插穗，插入湿润的沙床中。分株繁殖盆土可用腐叶土、泥炭土加部分珍珠岩或沙配成，并适量加入基肥。生长期每半月施1次追肥，浇水用已放水池中1～2天的水为好，冬季节制浇水。炎夏怕热，可放阴棚下喷水降温，但应注意，过热过湿都会引起茎叶变黑腐烂。冬季置光线充足处，夏季避免阳光直晒。

修剪

植株高10厘米左右时，可适当摘心，促使侧枝萌发，保持株型丰满。

换盆

每2～3年换盆1次。

越冬

忌寒冷霜冻，越冬温度需要保持在10℃以上，在冬季气温降到4℃以下进入休眠状态。如果环境温度接近0℃时，会因冻伤而死亡，因此应搬到室内光线明亮的地方养护。若在室外，可用薄膜包起来越冬，但要每隔2天在中午温度较高时把薄膜揭开透气。

病虫害

主要有环斑病毒病、根颈腐烂病、栓痂病、介壳虫和蛞蝓。环斑病毒病可用等量式波尔多液喷洒。根颈腐烂病、栓痂病可用50%多菌灵可湿性粉剂1 000倍液喷洒。介壳虫和蛞蝓危害要及时防治，可用800倍氧乐果喷洒防治。

苏铁

/古老的长寿植物/

寓意

坚贞不屈、坚定不移、长寿富贵、吉祥如意。

花言花语

别　　名：铁树、凤尾蕉、避火蕉、凤尾松

科　　属：苏铁科苏铁属

种养关键：施叶面肥要注意遵循“少量多次”的原则

易活指数：

花期：6～7月

果期：10月

适宜摆放地：客厅、过道、会议室

养花心经

土壤

要求肥沃、沙质、微酸性、有良好通透性的土壤。

温度

苏铁喜温暖，忌严寒，其生长适温为20～30℃，越冬温度不宜低于5℃。

光照

喜光，稍耐半阴。

水分、湿度

应保持土壤水分在60%左右，浇水应遵循“见干见湿”的原则。春夏季叶片生长旺盛时期，特别是夏季高温干燥气候要多浇水，早晚各1次，并喷洒叶面，保持叶片清新翠绿。入秋后可2～5天浇水1次。

护花常识

施肥

生长期每月可施 1 ～ 2 次复合肥或尿素。若用尿素最好是用 0.2% 的水溶液喷施叶片作叶面肥。每年早春施花生麸 1 次，花生麸可不用水沤制，直接施于盆面上或埋于盆土里。家庭每天煮饭前的洗米水，不要沾有油渍，用桶、盆盛装，翌日作液肥浇灌，具有一定的肥效。

修剪

苏铁生长比较缓慢，每年仅长 1 轮叶丛，每当新叶展开成熟后，应把下部的老叶剪除，保持 2 ～ 3 轮叶片，不用经常修剪，即使是移植上盆或换盆也不用太多的修剪。

换盆

换盆一般在初春萌芽前进行，小盆 1 ～ 2 年换盆 1 次，大盆 3 ～ 4 年换盆 1 次，换盆可以换土不换盆，也可以换土换盆。一般 2 ～ 3 年后，苗稍大，才需换大盆种植。换盆时注意不要折断叶片，应保留 1/3 的老土，并适当修剪老根、须根及老叶。盆底应多垫瓦片，以利透水。换盆后浇足定根水，把全部盆土浇湿透，至盆底出水为止，放于阳台的阴凉处，8 ～ 10 天后移到阳光下。

繁殖

主要是播种繁殖。种子在秋末采集，随采随播，也可贮藏起来，在翌春点播。因其种皮厚而坚硬，生芽缓慢，一般 4 ～ 6 个月后发芽。温度要保证在 15℃以上，覆土要深些，约 3 厘米，在 30 ～ 33℃的高温下，约 2 周即可发芽。幼苗生长较慢，种苗需 2 ～ 4 年方可移栽。

越冬

冬季气温低于 0℃时应移入室内越冬。室温保持在 5 ～ 10℃。翌年 4 月出室。

病虫害

主要有斑点病和介壳虫。斑点病发病初期喷波尔多液或 75% 百菌清可湿性剂 600 倍液，或 50% 硫菌灵可湿性粉剂 800~1 000 倍液，或高锰酸钾 1 000 倍液，每隔 10 天喷 1 次，效果较好。介壳虫可用白酒对水，比例为 1 ∶ 2，浇透盆表土，每隔半个月浇 1 次，连续 4 次见效。也可用酒精反复轻擦被害的叶片，可杀灭成虫和幼虫。还可以用棉球浸湿米醋，轻擦受害的叶片，可将介壳虫擦掉杀灭，同时使叶片重新返绿光亮。

鹅掌柴

/解决吸烟家庭的烦忧/

寓意

自然、和谐。

花言花语

别　　名：伞树、手树、鸭脚木、小叶伞树、矮伞树

科　　属：五加科鹅掌柴属

种养关键：夏季浇水不可过多

易活指数：

花期：

冬春

果期：

12月至翌年1月

适宜摆放地：客厅、书房、卧室、阳台

养花心经

土壤

以肥沃、疏松和排水良好的沙质壤土为宜。盆栽用土可用泥炭土、腐叶土加1/3左右的珍珠岩和少量基肥混合而成，也可用细沙土盆栽。

温度

生长适温为16～27℃。在30℃以上高温条件下仍能正常生长。冬季温度不低于5℃。若气温在0℃以下，植株会受冻，出现落叶现象。

光照

在全日照、半日照或半阴环境下均能生长。夏季要注意及时遮阴，不要让烈日直射。

水分、湿度

水分太多，造成积水，容易烂根。如果盆土缺水或长期时湿时干，会发生落叶现象。夏季需每天浇水1次，使盆土保持湿润，春、秋两季每隔3～4天浇水1次即可。

护花常识

施肥

夏季生长期间每1～2周施1次液肥，可用氮、磷、钾等量的颗粒肥松土后施入。斑叶种类应少施氮肥，氮肥过多则斑块会渐淡而转为绿色。在5～9月份，每月施2次浓度为20%的饼肥水。

修剪

鹅掌柴通常养护几年后，会出现下部叶片脱落、上部枝条长短不齐、部分枝条歪斜、树形松散的状况，此时最好的解决办法是截干。截干时期以春季（4～5月）为宜。

换盆

鹅掌柴每年春季新芽萌发之前应换盆，去掉部分旧土，用新土盆栽。多年生老株在室内栽培显得过于庞大时，可结合换盆进行修剪。

繁殖

主要有扦插繁殖和播种繁殖。扦插繁殖以每年3～9月为佳。扦插时剪取8～10厘米长的枝梢或枝条，去掉下部叶片，扦插在河沙或蛭石做成的插床上。用塑料薄膜覆盖，保持较高的空气湿度，放于室内阴凉处，温度在25℃时，4～6周即可生根盆栽 。播种繁殖适宜春播，保持盆土湿润，温度20～25℃条件下2～3周即可出苗。幼苗高5～7厘米时移植1次，次年即可定植。

越冬

11月初应将其移入室内，入室后应放置在冷室内，温度不宜低于5℃，否则会造成落叶。土壤要稍为湿润一些，环境也不宜太干燥。

病虫害

主要有叶斑病、炭疽病、介壳虫和红蜘蛛。叶斑病、炭疽病可用10%抗菌剂401醋酸溶液1 000倍液喷洒。介壳虫可用40%氧乐果乳油1 000倍液喷杀。红蜘蛛可用10%二氯苯醚菊酯乳油3 000倍液喷杀。

健康链接

鹅掌柴的叶片可以从烟雾弥漫的空气中吸收尼古丁和其他有害物质，并通过光合作用将之转换为无害的植物自有的物质。另外，它每小时能把甲醛浓度降低大约9毫克。

袖珍椰子

/ 桌角迷你的热带风光 /

秀美、飘逸。

花言花语

别　　名：	矮生椰子、袖珍棕、矮棕、好运棕
科　　属：	棕榈科袖珍椰子属
种养关键：	平时注意给叶面多喷水增湿，避免叶尖干枯
易活指数：	

花期：

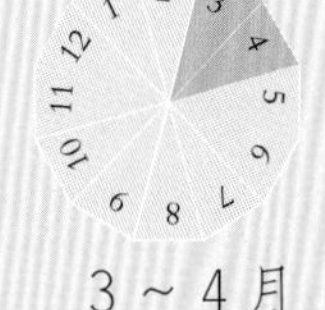

3 ~ 4 月

果期：

4 ~ 7 月

适宜摆放地：客厅、书房

养花心经

土壤

栽培基质以排水良好、湿润、肥沃壤土为佳，盆栽时一般可用腐叶土、泥炭土加 1/4 河沙和少量基肥配制为基质。

温度

生长适温为 20 ~ 30℃，13℃进入休眠状态，越冬温度为 10℃。温度低于 5℃易受冻害。

光照

喜半阴条件，高温季节忌阳光直射。在烈日下其叶色会变淡或发黄，并会产生焦叶及黑斑，失去观赏价值。

水分、湿度

夏秋季空气干燥时，要经常向植株喷水，每天浇水 2 ~ 3 次。冬季应适当减少浇水量，以利于越冬。

护花常识

施肥

袖珍椰子对肥料要求不高，一般在生长旺期每 2 ~ 3 周浇施 1 次水培用营养液。春、秋两季施 3 ~ 4 次稀薄液肥即可。同时，肥料中氮、磷的比例以 5 ∶ 4 为好。9 月底应停止施肥。

修剪

袖珍椰子需要适时进行修剪，及时除去发黄叶片及残叶。株高最好控制在 40 ~ 60 厘米之间。

换盆

换盆应在春季进行，每 2 ~ 3 年需要换盆 1 次。

健康链接

袖珍椰子能同时净化空气中的苯、三氯乙烯和甲醛，是植物中的“高效空气净化器”，非常适合摆放在室内或新装修好的居室中。

繁殖

主要是播种繁殖。播种宜即采即播，以春季播种为宜，选择饱满粒大的新鲜种子，洗净后，直接播在河沙苗床上，用塑料薄膜覆盖保温育苗。土壤应保持湿润为宜，温度应控制在 24 ~ 26℃，一般经 3 ~ 6 个月就可以发芽出苗。

越冬

入冬后，应将袖珍椰子移到室内，并将花盆放在室内阳光充足处，以利于植株进行光合作用。室内温度不能低于 10℃。北方地区冬季供暖期，室温一般可保持 15 ~ 25℃，此时室内空气干燥，应注意补水，最好每天向叶面喷水 1 ~ 2 次，且花盆不要靠近火炉、暖气或空调器，以防叶片急性失水，造成干尖、黄叶，甚至死亡。

病虫害

主要有褐斑病、炭疽病、介壳虫。褐斑病可用 800 ~ 1 000 倍硫菌灵或百菌清防治。炭疽病可每隔 10 天喷 1 次 1% 等量波尔多液。介壳虫可人工刮除，还可用 800 ~ 1 000 倍氧乐果乳油喷洒防治。

棕竹

/秀雅的类竹植物/

寓意

胜利。

花言花语

别　　名：观音竹、筋头竹、棕榈竹、矮棕竹

科　　属：棕榈科棕竹属

种养关键：夏季不要被阳光直射，注意降温避暑，否则会焦边

易活指数：

花期：

4～5月

果期：

11～12月

适宜摆放地：客厅、书房

养花心经

土壤

棕竹喜湿润的酸性土壤，尤其喜欢生长在富含腐殖质、疏松湿润的沙壤土中。可用腐叶土、园土、河沙等量混合配制为基质，种植时可加适量基肥。

温度

棕竹喜温暖，16℃以上正常生长；越冬最低温度为5℃。

光照

喜半阴，尤其夏季忌烈日暴晒，否则叶片发黄，植株生长缓慢而低矮。冬季则无需遮光。

水分、湿度

夏季炎热时节，除正常浇水养护外，要经常向叶面喷水和地面泼水，以提高空气相对湿度。冬季要适量减少浇水量。

护花常识

施肥

通常每月施肥 1 ~ 2 次，有机肥或其他氮肥均可。在春夏生长期间，宜薄肥勤施，以腐熟的饼肥水较好，肥料中可加少量的硫酸亚铁，以使叶色翠绿。

修剪

发现焦叶、枯叶、死叶，需及时修剪，如层次太密，也可进行疏剪。

换盆

换盆宜在春季 3 ~ 4 月进行，培以疏松的腐殖土。小株的一年换盆换土 1 次，大株 2 ~ 3 年换盆 1 次。

健康链接

棕竹属水性植物，门口向东的房子可以摆放一棵棕竹，可改善肾和肝的健康状况。棕竹在风水上有强大的生旺的作用。风水上的生旺植物均高大而粗壮，愈厚大愈青绿则愈佳，棕竹是很典型的例子，把它放在门口，相信财气会不请自来。

繁殖

播种繁殖以疏松透水土壤为基质，一般用腐叶土与河沙等混合。因其发芽一般不整齐，故播种后覆土宜稍深。一般播后 1 ~ 2 个月即可发芽。分株繁殖一般在春季结合换盆时进行，将原来萌蘖多的植丛用利刀分切成数丛。分切时尽量少伤根，不伤芽，使每株丛含 8 ~ 10 株以上。分株上盆后置于半阴处，并经常向叶面喷水。

越冬

棕竹长势强健，冬季只要移到室内，维持 0℃以上就能安全越冬。若温度在 10℃以上，则能保持叶色青翠。由于冬季气温低，棕竹进入休眠，基本停止生长，要节制浇水，盆土要稍干，停止施肥。盆土湿和低温条件都会使棕竹烂根或大量脱叶。

病虫害

主要是斑叶病和红肾圆盾蚧。斑叶病可以喷 50% 克菌丹可湿性粉剂 300 ~ 500 倍液，或 70% 代森锰可湿性粉剂 400 ~ 650 倍液，每周喷 1 次，连喷几次。红肾圆盾蚧可用 80% 敌敌畏乳剂 1 000 ~ 1 500 倍液或 90% 敌百虫晶体 1 500 倍液喷杀。

富贵竹

/大吉大利的居家植物/

花开富贵、竹报平安、富贵一生。

花言花语

别　　名： 竹蕉、万年竹、水竹、万寿竹、开运竹、富贵塔、竹塔、塔竹

科　　属： 龙舌兰科龙血树属

种养关键： 注意不要经常换水，保持水质

易活指数：

适宜摆放地： 适宜摆放在家具旁边和光线充足的地方，不要摆放在电视机旁或空调机、电风扇常吹到的地方，以免叶尖及叶缘干燥

养花心经

土壤

富贵竹适宜生长于排水良好的沙质土或半泥沙及冲积层黏土中。

温度

适宜生长的温度为 20 ～ 28℃，可耐 2 ～ 3℃低温，但冬季要防霜冻。夏秋季为高温多湿季节，对富贵竹生长十分有利，也是其生长的最佳时期。

光照

不喜太强光照，适宜在明亮散射光下生长，光照过强、暴晒可能引起叶片变黄、褪绿、生长慢等现象。阳光直射会使叶片变得粗糙。

水分、湿度

喜湿，在其生长过程中应经常保持土壤湿润，并常向叶面喷水或洒水，以增加空气湿度。

护花常识

施肥

水养富贵竹喜欢腐水，生根后一般不需要换水，也不需要施化肥，每周向水中加几滴白兰地酒和营养液即可使叶片保持翠绿。土养富贵竹在其生根后要及时施入少量的复合肥，让其枝干粗壮，春秋季施 1 次复合肥即可。

修剪

富贵竹在生长过程中要将其浸在水中的叶片和叶鞘除去，以免在水中腐烂。插条的基部应该斜插，这有利于吸收更多的水分和养分。土养的富贵竹也要将其生长过程中出现的黄叶及时除去，使其保持翠绿的形象。

健康链接

郁郁葱葱的富贵竹不仅是良好的装饰品，还对改善局部环境的温度、湿度、空气质量有一定作用。但种植富贵竹的盆土经常会发出难闻的味道，尤其在施花肥之后还会滋生小虫子，所以放置在卧室中的富贵竹还是以水培为好。

换盆

最佳的换盆季节是春季，培养土可以用泥炭土加上 50% 的园土制成。盆底要先垫 2 ～ 3 厘米厚的陶粒或粗沙砾做排水层，再加入培养土。栽后要保持盆土微湿，待新芽发出后可进行正常水肥管理。栽培两年后要截干重栽，植株可留 5 ～ 6 节截干，截下的部分可以扦插或者水养。

繁殖

富贵竹长势、发根长芽力强，一般采用扦插繁殖，在气温适宜的情况下全年都可以进行。一般剪取不带叶的茎段作插穗，长 5 ～ 10 厘米，最好有 3 个节间，将插穗插于沙床中或半泥沙土中。春、秋季一般 25 ～ 30 天即可生根、发芽，35 天可上盆栽种。

越冬

富贵竹的最适宜生长温度是 22 ～ 25℃，越冬时室内的温度要保持在 10℃以上，在冬季要中止施肥，浇水也要节制，做到这几点，一般就可以平安过冬。北方不能放在室外，温度太低，且因根系吸水缺乏，叶尖和叶缘会呈现黄褐色的斑块。

金钱草

/形似铜钱节节高/

福禄寿喜、顽强坚韧。

花言花语

别名：	金钱琏、南美天胡荽、钱币草、圆币草、盾叶天胡荽、金钱莲、水金钱
科属：	伞形科天胡荽属
种养关键：	应避免强烈光照直射过度或者盆内积水
易活指数：	
花期： 6～7月	果期： 8～11月
适宜摆放地：	可使用盆栽或吊盆栽培在室内

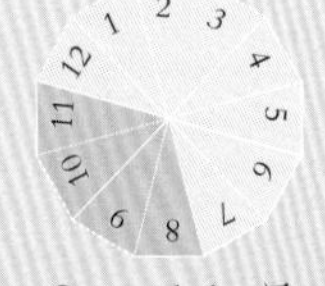

养花心经

水培环境

喜欢潮湿的环境条件，水需要沉淀了2小时的自来水，或者隔天使用，水培环境只要水没有腐臭就没有问题。

温度

喜温暖，怕寒冷，在10～25℃的范围内生长良好，越冬温度不宜低于5℃。

光照

铜钱草喜光照充足的环境，环境荫蔽其植株会生长不良。全日照生长良好，半日照时其叶柄会拉长，往光线方向生长，姿态需稍调整才会更美观。每天最好接受4～6小时的散射光照。

水分、湿度

喜温暖潮湿，应经常在叶上喷洒水，使其保持湿润。

护花常识

施肥

对肥料的需求量较多，在生长旺盛阶段每隔 2 ～ 3 周要追肥 1 次。常用肥料如速效肥——花宝 2 号，或缓效肥——魔肥（能于水中维持长时间的肥效）。

修剪

铜钱草生命力比较顽强，所以要适当进行修剪，否则会长得特别高而影响美观。正确的做法是根据其生长状况进行修剪，不要太密，也不要太疏，顶端不要让其太高，而应矮一点，让其长成团状为宜。

换盆

水养的铜钱草，在其生根后一般不要进行换盆和换水，换盆后会影响到根系，叶片会出现黄斑。但这种植物为多年生，发苗迅速，成形比较快。在不换盆的情况下，成形植株连续栽种不宜超过 2 年，否则长势就可能会越来越弱。

繁殖

铜钱草繁殖以分株法或扦插法为主，多在每年3 ～ 5月进行，栽培容易，保持栽培土湿润，1 ～ 2 周即可发根。在铜钱草幼苗成形后即可进行操作，多用无排水孔的中型花盆作为定植容器。为了获得较好的观赏效果，每盆可放入 1 株种苗，在操作结束后灌水即可。为了便于缓苗，定植操作最好选在阴天进行。

越冬

铜钱草怕冷，冬季如果放在室外的铜钱草可以把水全部倒掉，放在朝南向阳且背风的地方，可以安全过冬，叶子有可能会部分枯死，但是来年春季根系会重新萌发。北方寒冷地区如果没有暖气可以做个罩子连盆罩起来，把盆内的水倒掉，保持湿润，一般室内温度不低于 0℃，来年会继续生长。

病虫害

铜钱草在适宜的条件下，加上良好的管理，一般是不会患病的，也较少受到其他害虫的侵袭。

鼠尾草

/厨房中的香草/

家庭观念。

花言花语

别　　名：药用鼠尾草、洋苏草、普通鼠尾草、庭院鼠尾草

科　　属：唇形科鼠尾草属

种养关键：注意泥土干时要浇水，避免积水

易活指数：

花期：6～9月

适宜摆放地：阳台、庭院

养花心经

土壤

适宜生长在通风、排水良好的沙质土壤或土质深厚的土壤中。

温度

其生长的适宜温度为 10 ～ 30℃。

光照

鼠尾草属喜光性植物，但是由于品种较多，其具体的光照需求也不尽相同，所以要根据选择的品种进行不同的光照。

水分、湿度

鼠尾草喜欢稳定的生长环境，湿度适中，干旱时要及时灌溉，雨后要及时排水。

护花常识

施肥

生长期根据其生长情况可以定时施肥，一般每个月施 1 次为宜。施肥以氮肥和磷肥为主，在其开花季节可以适当增加钾肥，使其生长和开花的状态更好。

修剪

鼠尾草要根据其生长状态适时地进行修剪，春季和秋季一般不要修剪，夏季时进行修剪，可以使其生长更加强劲也更有活力。入秋后不要修剪，让其储存过冬的能量。

换盆

鼠尾草夏季生长迅速，可以在修剪后进行换盆，适当地调整植株密度，给予其更大的生长空间。

繁殖

可以在春季和初秋播种，播种前可先将种子用 50℃温水浸泡，待温度下降到 30℃时，用清水冲洗几遍后，放于 25 ~ 30℃恒温下催芽或用清水浸泡 24 小时后播种。由于鼠尾草种子小，宜浅播，播后要覆盖薄土，并要经常洒水，以保持土壤湿润。也可用扦插繁殖法，在 5 ~ 6 月，选枝顶端不太嫩的顶梢，长 5 ~ 8 厘米，在茎节下位剪断，摘去基部 2 ~ 3 片叶，插入苗床中，深 2.5 ~ 3 厘米，插后浇水，并覆盖塑料膜保湿，20 ~ 30 天即可发出新根。

越冬

在长江以北，冬季需要培土越冬，一般在地上部收获后，冬冻前灌水后即培 20 厘米高的土，到第二年春季终霜后扒开土并浇水，使其萌芽生长。华南地区不需覆盖也可安全越冬。

病虫害

常见病害有霜霉病、叶斑病。可用 65% 代森锌可湿性粉剂 500 倍液喷洒，或用 25% 甲霜灵可湿性粉剂 600 倍液喷洒。虫害有夜蛾、蚜虫等，可用 10% 二氯苯醚菊酯乳油 2 000 倍液喷杀。

龟背竹

/形似龟背的常绿植物/

健康长寿。

花言花语

别　　名:	蓬莱蕉、铁丝兰、穿孔喜林芋、龟背蕉、电线莲、透龙掌
科　　属:	天南星科龟背竹属
种养关键:	盛夏时应避免阳光直射
易活指数:	

花期: 8 ~ 9月

适宜摆放地: 客厅、卧室、书房、门厅

养花心经

土壤

盆栽时可用肥沃的塘泥，或用黑色山泥。

温度

生长适温为 20 ~ 25℃，最低温度为 10℃。

光照

龟背竹忌烈日直射，不耐寒。盛夏应放在室内或阴棚下，不能放在阳光过强的阳台上，否则易造成枯叶，影响观赏价值。

水分、湿度

龟背竹喜湿润，生长期间需要充足的水分，应保持盆土湿润。日常浇水可每日 1 次，夏季早、晚各 1 次。天气干燥时，更需要向叶面喷水和向养护环境洒水，以保持空气湿润，叶片鲜艳。

护花常识

施肥

龟背竹为较喜肥的花卉，4 ~ 9 月可每半个月施 1 次稀薄肥水，也可用沤熟的人尿加水薄施。

修剪

初栽成长的龟背竹植株，要及时设架绑扎，定型后注意整株修剪，可以增加其美观度。

换盆

每年需换 1 次盆。换盆时间适宜在 3 ~ 4 月间。换盆时，去掉部分陈土和枯根，换大一号的盆。填进用腐叶土、菜园土、沙土各 1/3 混合配制的培养土，然后轻轻埋入压实即可。

繁殖

可用扦插和播种法繁殖。扦插多于春季 4 月气温回升之后进行。一般可剪取带有 2 个节的茎段作为插穗，剪去叶片横卧于盆中，埋土，仅露出茎段上的芽眼，放在温暖、半阴处，保持湿润， 约 30 天即可生根抽芽。

越冬

冬季时应移入室内保暖，保持盆土湿润。

病虫害

介壳虫是龟背竹最常见的虫害，少量时可用旧牙刷清洗后用 40% 氧乐果乳油 1 000 倍液喷杀。常见病害有叶斑病、灰斑病和茎枯病，可用 65% 代森锌可湿性粉剂 600 倍液喷洒。

健康链接

龟背竹对清除空气中的甲醛效果比较明显。另外，龟背竹有晚间吸收二氧化碳的功能，对改善室内空气质量，提高含氧量有很大作用。加上龟背竹一般植株较大，造型优雅，叶片疏朗美观，所以是一种非常理想的室内植物。

绿萝

/顽强的“生命之花”/

坚韧善良，守望幸福。

花言花语

别　　名：魔鬼藤、石柑子、竹叶禾子、黄金葛、黄金藤

科　　属：天南星科绿萝属

种养关键：土培要注意盆土质量，水培要注意不可缺水

易活指数：

适宜摆放地：门厅、书房、窗台

养花心经

土壤

盆栽绿萝应选用肥沃、疏松、排水性好的腐叶土，以偏酸性为好 。绿萝也可采用水培的方法培养。

温度

生长温度为白天 20 ~ 28℃，晚上 15 ~ 18℃。生长期保持适宜的温度，可使植物茎秆粗壮、叶片肥厚、叶色鲜嫩、植株茂盛。

光照

绿萝忌阳光直射，喜散射光，较耐阴。室内栽培可置于窗旁，但要避免阳光直射。通常每日接受 4 小时的散射光，其生长发育最好。

水分、湿度

生长季节浇水以经常保持盆土湿润为好，夏季还要注意经常向叶面上喷水。值得注意的是，绿萝是不可以用淘米水浇的。淘米水虽有不少养分可以利用，但很容易引起绿萝生虫，或是引起烂根。

护花常识

施肥

绿萝的施肥以氮肥为主，钾肥为辅。春季绿萝的生长期到来前，每隔10天左右施0.3%硫酸氨或尿素溶液1次，并用0.05%～0.1%的尿素溶液作叶面施肥1次。冬季应停止施肥。

修剪

绿萝生长较快，栽培管理粗放。盆栽当苗长出栽培柱30厘米时应剪除；当叶子脱落达30%～50%时，应废弃重栽。

换盆

当绿萝生长过于密集的时候，就应换取大尺寸的花盆。直接整株挖出后，放在新花盆中埋好压实，保持适宜温度和合适的水分即可。

健康链接

绿萝能吸收空气中的苯、三氯乙烯、甲醛等，刚装修好的新居摆放绿萝就最适合不过了。据环保学家研究，一盆绿萝在8～10米^{2}的房间内相当于一个空气净化器。把绿萝放在厨房中，可以有效地吸收由于炒菜做饭引起的一些油烟味，还可清除掉一些其他的厨房异味。

繁殖

繁殖主要采用扦插和埋茎法。选取健壮的绿萝藤，剪成2节一段，然后插入素沙或煤渣中，淋足水放置于荫蔽处， 每天向叶面喷水或盖塑料薄膜保湿，环境温度不低于20℃即可。

越冬

温度保持在15℃以上，盆土要保持湿润，需要注意的是要避免温差过大，同时也要注意叶子不要靠近供暖设备。

病虫害

绿萝很容易受到害虫和病原体的侵扰。比较典型的害虫有介壳虫，可以使用医用酒精将其杀灭，或用宽胶带粘黏，这比用农药喷治快。

虎耳草

/湿地中的“虎耳”/

真切的爱情。

花言花语

别　　名：石荷叶、金线吊芙蓉、金丝荷叶

科　　属：虎耳草科虎耳草属

种养关键：夏季及秋初气温高，植株处于半休眠状态，浇水宜少

易活指数：

花期：5～8月

果期：7～11月

适宜摆放地：客厅、庭院

养花心经

土壤

土壤要求肥沃、湿润，自然环境中以茂密多湿的林下和阴凉潮湿的坎壁上生长较好。

温度

3～10月生长适温为18～21℃，10月至翌春3月为13～15℃。冬季室温不可低于0℃，夏季室温不可超过30℃。

光照

夏季室内也需遮阴，应避开强光直射。

水分、湿度

生长期间盆土宜湿不宜干，除浇水外，还需要经常向空中和地面喷水，保持较高的空气湿度。夏季高温时要控制水分，宜稍干不宜过湿，秋后宜提高盆土和空气的湿度。

护花常识

施肥

生长期间每半个月施1次稀薄腐熟液肥，切忌肥液沾污叶面。

修剪

可以直接拿剪刀将枯枝或者影响美观的枝叶修剪掉。

换盆

每年需换1次盆。换盆时间适合在3～4月间。换盆时，去掉部分陈土和枯根，换上大一号的盆，用上足够基肥，然后轻轻埋土压实即可。

繁殖

可用扦插和播种法繁殖。扦插多于春季4月进行。将取下的茎段剪去叶片，横卧于苗床或盆中，埋土，仅露出茎段上的芽眼，放在温暖、半阴处，保持湿润，约30天即可生根抽芽。

越冬

冬季时应移入室内保暖，保持盆土湿润即可安全越冬。

病虫害

介壳虫是最常见的虫害，少量时可用旧牙刷清洗后用40%氧乐果乳油1 000倍液喷杀。常见病害有叶斑病、灰斑病和茎枯病，可用65%代森锌可湿性粉剂600倍液喷洒。

八角金盘

/ 八只手的室内观赏植物 /

八方来财、聚四方才气、更上一层楼。

花言花语

别　　名：八金盘、八手、手树、金刚纂

科　　属：五加科八角金盘属

种养关键：花后无需留种，应及时剪去残花梗，以免消耗养分

易活指数：

花期：

10 ~ 11 月

适宜摆放地：室内光线较弱处

养花心经

土壤

八角金盘适宜生长于肥沃、疏松、排水良好的微酸性土壤中，以腐殖质湿润壤土最佳。

温度

八角金盘生长适温为18 ~ 25℃，当气温达到35℃以上时，如果通风不良，叶缘也会焦枯。越冬温度以7 ~ 8℃为宜，不应低于3℃。

光照

八角金盘性喜阴凉，忌高温直射。

水分、湿度

八角金盘喜湿怕旱。在新叶生长期，浇水要适当多些，保持土壤湿润；以后浇水要掌握见干见湿。气候干燥时，还应向植株及周围喷水增湿。

护花常识

施肥

5 ~ 9月时，每月施饼肥水2次。生长季节保持盆土湿润，经常追肥。

修剪

平时注意剪掉黄叶、死叶。花后不留种子的，要剪去残花梗，以免消耗养分。

繁殖

繁殖方法主要有扦插、分株和播种3种。5月果熟后，随采随播。温室栽培条件下，除盛夏外，全年皆可扦插，适期是2 ~ 3月和5 ~ 6月。扦插以梅雨季节最宜，取茎基部萌发的小侧枝长10厘米左右，扦入沙或蛭石中，注意遮阴保湿，半个月可生根。分株多于春季换盆时进行。播种的幼苗，冬季需防寒。生长季节保持盆土湿润，经常追肥。

换盆

一般在早春时节开始翻盆，换盆时需要修剪不良根系。盆土可用园土3份加1份砻糠灰混合使用，加点基肥。换盆后注意遮阴和保持湿润。

越冬

耐严寒，在长江以北地区盆栽应在温室越冬，越冬温度需在5℃以上。

病虫害

八角金盘易得炭疽病，并受介壳虫危害。防治炭疽病要注意合理施肥与浇水，及时修剪枝叶，发病初期喷洒50%多菌灵或50%甲基硫菌灵500 ~ 600倍液。除介壳虫可用宽胶带粘黏，这样比用农药喷治快。两种方法同时使用效果加强。

健康链接

八角金盘可供室内观赏和净化空气。叶、根、皮有药用，可煎汤内服，煎水可外用，起活血化淤、化痰止咳、散风除湿、化淤止痛的作用，主治跌打损伤。

观音莲

/靓丽的“龟甲”/

幸福、纯洁、永结同心。

花言花语

别　　名：	黑叶芋、黑叶观音莲、龟甲观音莲
科　　属：	天南星科海芋属
种养关键：	整个生长期都要求在半阴条件下
易活指数：	

花期：4～7月

适宜摆放地：书房、客厅、卧室

养花心经

土壤

盆栽宜用疏松、排水通气良好的富含腐殖质的土壤，一般可用腐叶土、园土和河沙等量混合作为基质。

温度

喜温暖湿润、半阴的生长环境。生长适温为20～30℃，越冬温度为15℃。冬季夜间温度不低于5℃，白天在15℃以上。如果控制浇水，使植株休眠，也能耐0℃的低温。观音莲不耐热，5月以后植株生长逐渐停止，进入夏季休眠期。

光照

喜半阴，切忌强光暴晒。生长季除6～9月份要遮阴外，其他时间都应给予半日照为宜，若放室内观赏，则宜放在朝南的窗户附近。在这种半阴环境下，叶色鲜嫩而富有光泽。

水分、湿度

观音莲喜湿润，4 ~ 9 月为其生长旺盛期，此时要求土壤湿润及空气湿度较高，要给予充足的水分。尤其夏季高温期，叶片水分蒸发量大，需水量更多，须经常向叶面喷水，同时保持环境湿润，但必须避免盆中积水。秋季气温低于 15℃时，须尽量减少浇水量，将其置于温暖、无风的干燥地方，保持盆土适当干燥以利安全越冬。

护花常识

施肥

在生长旺盛期可根据观音莲生长情况，每月施 1 ~ 2 次稀薄液肥，或低氮、高磷钾的复合肥。施肥时不能将肥水溅到叶片上。施肥一般在天气晴朗的早上或傍晚进行，当天的傍晚或第二天早上浇 1 次透水，以冲淡土壤中残留的肥液。

修剪

需要适时进行修剪，及时除去发黄叶片及残叶。

换盆

换盆一般在春季进行，将花盆里的观音莲连根带土放到较大的盆里，然后用新的花土填实即可。

繁殖

观音莲主要进行分株繁殖。一般于每年春夏气温较高时，将地下块茎分蘖生长茂密的植株沿块茎分离处分割，使每一部分都有 2 ~ 3 株，然后分别上盆种植。分株时尽量少伤根，同时上盆后宜置于阴湿环境下，保持盆土经常湿润，并注意叶面喷雾，以利新植株恢复生长。

越冬

冬季夜间温度不低于 5℃，白天在 15℃以上时，植株能继续生长，可正常浇水，并适当施肥。如果控制浇水，使植株休眠，也能耐 0℃的低温。当寒流侵袭，盆栽应移至温暖避风处越冬，减少灌水，停止施肥。

病虫害

主要有炭疽病、赤斑病、蜗牛和夜蛾等。炭疽病和赤斑病可用 50% 多菌灵 800 倍液或 65% 代森锌 600 倍液喷施防治。蜗牛和夜蛾可喷敌百虫和用谷糠配制的毒饵进行诱杀。

吊兰

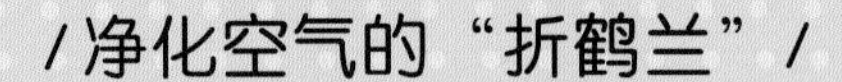

/净化空气的“折鹤兰”/

寓意

无奈而又给人希望。

花言花语

别　　名：挂蓝、桂兰、葡萄兰、钓兰、树蕉瓜、折鹤兰、垂盆吊兰

科　　属：百合科吊兰属

种养关键：忌直射光、喜水

易活指数：

花期：5月

果期：8月

适宜摆放地：客厅、卧室、阳台、书柜顶端等

养花心经

土壤

对土壤要求苛刻，一般在排水良好、疏松肥沃的沙质土壤中生长较佳。

水分、湿度

吊兰较喜湿润环境，盆土易经常保持潮湿。但吊兰的肉质根能贮存大量水分，有较强的抗旱能力，数日不浇水也不会干死。冬季温度在5℃以下时要少浇水，盆土不要过湿，否则叶片易发黄。

温度

喜温暖、湿润、半阴的气候，生长适温为15～25℃，在20～24℃时生长最快，高温生长停止。

光照

可常年在半阴的室内栽培，室外栽培的吊兰在夏日强烈直射阳光下也能生长良好。但是，长期在室内栽培的吊兰，应避免强烈阳光的直射，需遮去50%～70%的阳光。

护花常识

施肥

从春末到秋初，可每7～10天施1次有机肥液，但对金边、金心等花叶品种应少施氮肥，以免花叶颜色变淡甚至消失，影响美观。可适当施用骨粉、蛋壳等沤制的有机肥，待充分发酵后，取适量稀释液，每10～15天浇施1次，可使花叶艳丽明亮。

修剪

平时随时剪去黄叶。5月上、中旬将老叶剪去一些，会促使萌发更多的新叶和小吊兰。

繁殖

通常用分株法繁殖，除冬季气温过低不适宜分株外，其他季节均可进行。也可剪取花茎上带根的幼苗盆栽。

越冬

冬季温度应保持在室温12℃以上，低于6℃即受冻害。盆土宜偏干，禁肥控水，以防盆土久湿积水，致叶色泛黄、根系腐烂。

换盆

在春季换盆时可将吊兰植株从盆内托出，除去尘土和腐朽的根，分成数株，然后分别移植栽培。

病虫害

吊兰病虫害较少，主要有生理性病害，叶前端会发黄，应加强肥水管理。同时经常检查，及时抹除叶上的介壳虫、粉虱等。如盆土积水且通风不良，除会导致烂根外，也可能会发生根腐病，可用多菌灵可湿性粉剂 500 ~ 800 倍液浇灌根部，每周 1 次，连用 2 ~ 3 次即可。

花友交流

Q：小吊兰如果剪掉后，直接放在土里会活吗？还是要先水培，再转移到土里？

A：若小吊兰有根的话可直接栽入土中，否则应先水培，生根后再移入土中。

如果发现吊兰叶片变为灰褐色，可移放于光线明亮的场所，控制盆土浇水，增加叶面喷水，出室前给予翻盆换土，修剪去已干枯坏死的叶片，加强水肥管理，可很快恢复。

健康链接

吊兰能在微弱的光线下进行光合作用，可吸收室内 80% 以上的有害气体，吸收甲醛的能力超强。它还可在 24 小时内杀死房间里 80% 的有害物质，吸收掉 86% 的甲醛；能将火炉、电器、塑料制品散发出的一氧化碳、过氧化氮吸收殆尽，还能分解苯，吸收香烟烟雾中的尼古丁等比较稳定的有害物质，故吊兰有“绿色净化器”之美称。

第三章
绚丽夺目的
观花花卉

月季

/ 四季常开的"花中皇后" /

等待有希望的希望，幸福、光荣、美艳常新。

花言花语

别　　名： 月月红、长春花（吉林长春）、胜春、斗雪红、月贵红、月贵花、艳雪红、绸春花、铜棰子、四季春、瘦客

科　　属： 蔷薇科蔷薇属

种养关键： 盆栽月季必须施足底肥，平时要注意追肥

易活指数：

花　　期：

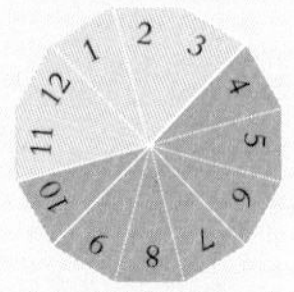

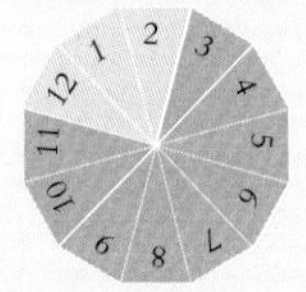

4 ~ 10 月（北方）3 ~ 11 月（南方）

适宜摆放地： 可在客厅、客房摆设，也可种植在庭院内阳光充足的地方

健康链接

用月季熬制的胜春汤是调经、理气、活血的妙剂。做法是月季花 10 克、当归 10 克、丹参 10 克、白芍 10 克，加红糖适量，清水煎服。每次月经前 3 ~ 5 天服 3 剂，每次加 1 个鸡蛋同煮，其效可靠。

养花心经

土壤

月季适应性强，对土壤要求不严格，但以富含有机质、排水良好的微酸性沙壤土为好。

温度

生长适温 22 ~ 25℃，温度过高时严重影响枝条的生长。如夏季高温持续30℃以上，则多数品种开花减少，进入半休眠状态。气温低于 5℃时生长缓慢，逐渐进入休眠状态。

光照

月季喜欢阳光，但是过多的强光直射又对花蕾发育不利，花瓣容易焦枯，盛夏需遮阴。

水分、湿度

浇水遵循“不干不浇，干后必浇，浇则浇透”的原则。春天只要水浇透，注意松土保持湿润即可。夏季高温，水的蒸发量大，故每天早晚各浇水 1 次，要浇透。

护花常识

施肥

施肥应根据不同品种的喜肥习性和生长发育各个阶段的需要，以及气温、光照和长势强弱，适时适量施用基肥或追肥。进入夏季，其蒸发量和消耗量都加大，生长迅速，开花期应每隔 10 天追施 1 次薄肥，也可将豆饼、禽粪用水浸泡，经封闭发酵后掺水作追肥。

修剪

夏季新枝生长过密时，要进行疏剪，适当剪短特别强壮的枝条，以加强弱枝的长势。先剪去密枝、枯枝，再剪去老弱枝，留 2 ~ 3 个向外生长的芽，以便向四面展开。

繁殖

大多采用扦插繁殖法，亦可分株、压条繁殖。对于少数难以生根的名种，则用嫁接繁殖，其砧木以野蔷薇为宜，如黄色系列品种的月季。

越冬

盆栽的月季耐寒，越冬时可以保持温度在 0℃左右，放在不低于 –5℃、不高于 10℃的环境中生长。需要光照充足，控制浇水次数，并且暂时少施肥。

换盆

每年换盆 1 次。换盆一般仍用原规格的花盆，不换大盆。

兰花

/ 清雅的花中君子 /

寓意

美好、高洁、热烈、友谊、自信、自傲。

花言花语

别　　名：胡姬花、国兰

科　　属：兰科兰属

种养关键：掌握好水肥及病虫害管理

易活指数：

花　　期：

春兰：花期 3 月上旬左右

夏兰：花期 5 月中、下旬，花开 10 天左右

秋兰：花期大多有 2 次：第 1 次在 7 月下旬到 8 月上旬，第二次在 10 月上旬

冬兰：花期 11 月中旬至 12 月中旬

适宜摆放地：客厅、阳台

健康链接

兰花可治疗干咳不止，采用兰花蕊 30 ~ 50 朵，水煎，放冰糖，每日 2 次，服 3 ~ 5 天显奇效。还可治疗尿道感染，采用兰花根 50 克、茅根 30 克、冬瓜皮 30 克，水煎服，连服 6 ~ 10 天。

养花心经

土壤

兰花性喜微酸性土壤或含铁质的土壤。

温度

兰花生长季节要求温度较高，一般为 20 ~ 30℃。冬季要求温度低，白天 10 ~ 20℃，晚上 0 ~ 10℃。

光照

兰花多属于半阴性植物，多数种类怕阳光直晒，需适当遮阴。

水分、湿度

喜湿润，忌干燥。浇水以雨水或泉水为宜，不宜用含盐碱的水。春季浇水量宜少，夏季宜多，冬季在室内宜干，减少浇水次数，且于中午时浇。

护花常识

施肥

兰花施肥原则是宁淡勿浓，除了土壤施肥，还应配合叶面施肥，如果叶面暗淡无光，就意味着应当补充肥料了。肥料应以有机肥为主、无机肥为辅，有机肥宜用饼肥，如用全粪，应经一年腐熟，掺水冲淡滤渣使用。一般从 5 月开始施肥，至立秋停肥，掌握薄肥多施的原则。施肥应在傍晚进行，第二天清晨再浇 1 次清水。

修剪

应随时剪去黄叶，否则影响美观。

换盆

每2 ~ 3年换盆1次。

越冬

在兰花培养中要不断进行修剪。在老叶枯黄时应及时剪去，以利通风，有些叶子的叶尖干枯也应剪除。尤其是有病虫为害的叶片需及时清除，以免传染。在剪除患病毒病的叶子时，用的剪刀不要再剪无病的叶子，以防病毒传染。如用同一把剪刀，则需进行消毒。

繁殖

常用分株繁殖。春秋两季均可进行，一般每隔 3 年分株 1 次。分株前要减少灌水，使盆土较干。栽植深度以将假球茎刚刚埋入土中为度，盆边缘留 2 厘米水口，上铺翠云草或细石子，最后浇透水，置阴处 10 ~ 15 天，保持土壤潮湿，逐渐减少浇水，进行正常养护。

蝴蝶兰

/ 绽放于枝头的蝴蝶花 /

我爱你，幸福向你飞来。

花言花语

别　　名：蝶兰

科　　属：兰科蝴蝶兰属

种养关键：避免持续高温，否则会进入休眠状态

易活指数：

花　　期：

春节前后，开花可达 2 ~ 3 个月

适宜摆放地：

阳台、客厅

土壤

蝴蝶兰对土壤要求较高，需要透气、耐腐烂、微酸、透水，可以选择松针叶、花生壳、树皮丝、黏土球等材料作为养殖蝴蝶兰的基质。如果自己无法配制好这些材料，可以直接到花市购买蝴蝶兰专用的兰土。

温度

生长适温为 15 ~ 20℃，10℃以下会停止生长，低于 5℃容易死亡。

尽管蝴蝶兰较喜阴，但仍需要使其接受部分光照，尤其在花期前后，一般应放在室内有散射光处，勿让阳光直射。

水分、湿度

喜欢潮湿和半阴的环境，盆内不能积水过多。春、秋两季每天浇水 1 次，夏季每天上、下午各浇 1 次水，冬季光照弱，温度低，隔周浇水 1 次即可。

护花常识

施肥

蝴蝶兰要全年施肥，除非低温持续很久，否则不应停肥。春夏期间为生长期，可每隔 7 ~ 10 天施用 1 次稀薄液肥，宜用有机肥，也可施用蝴蝶兰专用营养液，但有花蕾时勿施，否则容易提早落蕾。

修剪

当花枯萎后，须尽早将凋谢的花剪去，这样可减少养分的消耗。如果将花茎从基部往上 4 ~ 5 节处剪去，2 ~ 3 个月后可再度开花。如想来年再度开出好花，最好将花茎从基部剪下，当基质老化时应适时更换，否则透气性变差，会引起根系腐烂，使植株生长减弱甚至死亡。

花友交流

Q：蝴蝶兰怎样采收？

A：蝴蝶兰切花在花朵完全开放或花蕾开放 3 ~ 4 天的时候采收，上午采收可以保持蝴蝶兰花朵细胞高的膨胀压，即此时的蝴蝶兰花含水量最高，有利于减少蝴蝶兰采后萎蔫的发生。

换盆

每年 5 月给蝴蝶兰换盆 1 次。

繁殖

可用播种繁殖与切茎繁殖。切茎繁殖是将带有根的植株上部用消毒过的利刃或剪刀切断，植入新盆使其继续生长，下部留有根茎的部分给予适当的水分管理，不久就可萌生新芽 1 ~ 3 个。

越冬

当室内温度低于 15℃时，白天将蝴蝶兰放置在向阳的地方，减少浇水次数，或者地面洒水。晚上需要对其进行保温，套上兰株套袋。利用供暖设备给兰株进行供暖时一定要注意不能让花离暖气片太近。

病虫害

易发蝗虫和软腐病。发生蝗虫可除杂草，减少蝗虫繁殖和栖息的场所，还可用 50% 的杀螟硫磷乳剂 1 000 倍液，每隔 7 ~ 10 天喷 1 次，连续喷 3 次。软腐病可每隔 7 ~ 10 天轮喷二氯异氰尿酸钠 600 倍液或硫酸链霉素 3 000 ~ 4 000 倍液。对真菌性软腐病可用 80% 甲基硫菌灵或 80% 代森锰锌 800 ~ 1 000 倍液，连续喷 2 ~ 3 次。

大花蕙兰

/ 讨喜的兰花新星 /

丰盛祥和、高贵雍容。

花言花语

别　　名：喜姆比兰、虎头兰、蝉兰、西姆比兰

科　　属：兰科兰属

种养关键：不耐低温，避免受冻

易活指数：

花　　期：

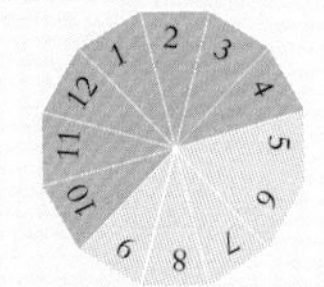

每年10月至翌年4月

适宜摆放地：

客厅

养花心经

土壤

可用蕨根2份、炭类藓1份或直径1.5～2厘米的树皮块作盆栽基质，亦可添加部分碎砖、木炭等粒状物。

温度

喜冬季温暖和夏季凉爽。生长适温为10～25℃，夜间温度10℃左右比较好。大花蕙兰花芽形成、花茎抽出和开花，都要求白天和夜间温差大。

光照

喜光，光照充足有利于叶片生长，形成花茎和开花。过多遮阴，叶片细长而薄，不能直立，假鳞茎变小，容易生病，影响开花。

水分、湿度

生长期需较高的空气湿度。5月和9月每天浇1次水，7～8月份每天浇2次水，10月到翌年4月每2～3天浇1次水。浇水次数视苗大小和天气状况随时调整。

护花常识

施肥

生长期施用的肥料氮、磷、钾比例为1∶1∶1，催花期比例为1∶2∶2，肥液pH5.8～6.2。夏季每天浇1~2次（水肥交替施用），其他季节每3天施1次肥。每月施1次有机肥，生长期施豆饼与骨粉的比例为2∶1，催花期施用纯骨粉。有机肥不能施于根上，冬季最好停止施有机肥。

修剪

花谢后要及时修剪残枝，以免影响来年开花。

换盆

冬春换盆。盆栽大花蕙兰开过1～2年花后，植株在盆内过于拥挤，已经没有新芽和新根生长的空间，此时需要换盆。一般从市场上买回的大花蕙兰盆花多已长满盆，开过花后，在新芽开始生长前或初期应换盆。

花友交流

Q：人们常说大花蕙兰复花难，是指什么？

A：首先是养不好，越长越差；其次是指大花蕙兰不易长出花箭。

繁殖

可采用分株和播种繁殖。分株繁殖在植株开花后、新芽尚未长大之前，使基质适当干燥，让大花蕙兰根部略发白、略柔软，将母株分割成2～3筒一丛盆栽。操作时抓住假鳞茎，不要碰伤新芽，剪除黄叶和腐烂老根。播种繁殖主要用于原生种大量繁殖和杂交育种，种子细小，在无菌条件下极易发芽，发芽率在90%以上。

越冬

大花蕙兰在冬季应移入温室内越冬，并保持5～8℃以上的温度。

病虫害

主要有炭疽病，可用1 000倍代森锰锌、1 000倍氢氧化铜喷治。若发生细菌性病害，常用药剂有6 000倍硫酸链霉素、800倍井冈霉素。若发现蛞蝓、叶螨，可用四聚乙醛诱杀或使用三氯杀螨醇。这些药物在农资市场有售。

昙花

/ 夜幕下的精灵 /

美好的事物不长远，瞬间的永恒，短暂的永恒。

花言花语

别　　名： 琼花、月下美人、夜会草、鬼仔花

科　　属： 仙人掌科昙花属

种养关键： 尽量避免夏季中午前后的强光直射

易活指数：

花　　期： 开花季节一般在6～10月，开花的时间一般在晚上8～9点钟以后，盛开的时间只有3～4个小时，非常短促

适宜摆放地： 阳台、窗口

养花心经

土壤

喜疏松、肥沃、排水良好的土壤，栽培用土可用1份腐叶土、1份园土、1份河沙混合，并加入一些腐熟的有机肥配制而成培养土。

温度

不耐霜冻，夏季生长适宜温度为白天21～24℃，夜间16～18℃。

光照

喜温暖湿润和半阴环境，忌强光暴晒。

水分、湿度

春季到秋季生长期要充分浇水，并经常喷水提高空气湿度，保持盆土湿润，但不能用碱性水。冬季要控制浇水，盆土保持适度干燥。

护花常识

施肥

昙花喜肥，适当施肥可使花朵累累。生长期每月追肥 1 ~ 2 次，追肥以腐熟的饼肥液、粪肥液并加硫酸亚铁效果好。也可用尿素、过磷酸钙的混合液浇灌。冬季停止施肥。

修剪

孕蕾期要及时去掉变态茎上的新芽，以使养分集中到花蕾；花后及时修剪，去掉老的枝条，并适当施 1 ~ 2 次氮肥。

换盆

每年春季换盆 1 次。在换盆前要控水，盆土干燥后再脱盆，然后剪去老根、病根、断根和损伤根，在伤口处涂上木炭粉或硫黄粉，等晾干后再栽植上盆。

健康链接

昙花具有软便去毒、清热疗喘的功效。主治大肠热症、肿疮、肺炎、痰中有血丝、哮喘等症，兼治高血压及血脂过高等。用法：可煮水或炖红肉服食，也可用鲜品调制蜂蜜饮服。炖红肉通常加米酒，与清水各半，或加生地。

繁殖

常用扦插方法繁殖。在春季或夏季开花后，从成年植株上选取稍老的叶状枝，剪取插穗，长度 15 厘米左右。插穗先放阴凉处阴干 3 ~ 4 天，然后扦插在扦插基质上，入土 1/2 或 1/3。插后放阴凉处，等生根以后再浇水。

越冬

冬季要移入室内，放在向阳处，要求光照充足，越冬温度以保持 10 ~ 13℃为宜。

病虫害

常见的病虫害有腐烂病和介壳虫。腐烂病可用 10% 抗菌剂喷洒。介壳虫可用 50% 马拉硫磷 1 000 倍液喷杀。

美女樱

/姿态优雅的美女/

相守、和睦家庭。

花言花语

别　　名：	草五色梅、铺地马鞭草、四季绣球
科　　属：	马鞭草科马鞭草属
种养关键：	对水分比较敏感，怕干旱又忌积水
易活指数：	

花　　期：5～11月

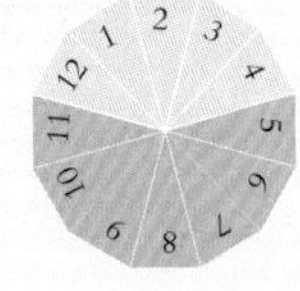

果　　期：9～10月

适宜摆放地：窗台、阳台和走廊

养花心经

土壤

对土壤要求不严，但在疏松肥沃、较湿润的中性土壤中能节节生根，生长健壮，开花繁茂。

温度

较耐寒，北方多作一年生草花栽培，在炎热夏季能正常开花。

光照

喜阳光、不耐阴。

水分、湿度

不耐旱，盆土要保持湿润，但浇水不宜过勤，否则会引起枝叶徒长或枯萎，影响孕蕾和开花。冬季盆土偏干为好。

护花常识

施肥

盆栽基质宜选用疏松、肥沃、排水性能好的培养土，栽种前盆底要施入腐熟的有机肥和一些过磷酸钙为基肥。由于美女樱喜肥、喜湿润，除了施基肥外，在生长期每月需追施稀薄的液肥。

修剪

当幼苗长到10厘米高时需摘心，以便再发新枝与开花。每2个月剪1次带有老叶和黄叶的枝条，只要温度适宜，能四季开花。

换盆

要在阳光充足处养护，母株容易老化，需每2年更新另栽1次。

病虫害

病害主要有白粉病和霜霉病，可用70%甲基硫菌灵可湿性粉剂1 000倍液喷洒。虫害有蚜虫和粉虱，可用2.5%鱼藤精乳油1 000倍液喷杀。

繁殖

常用播种繁殖，在9月中下旬以后进行秋播。对于用手或其他工具难以夹起来的细小种子，可以用牙签的一端沾水后播种，覆盖基质1厘米厚，然后把播种的花盆放入水中浸润基质。较大的种子可直接放到基质中，盖土厚度为种粒的2～3倍。14～20天发芽，30天后可移栽。也可用扦插繁殖，以5～7月为宜。剪取稍成熟的枝条，长8～10厘米插入沙床，稍加遮阴，插入14～21天可生根，30天左右可移栽上盆。美女樱匍匐生长，茎节容易生根，可用压条繁殖，成活率高。

越冬

在冬季休眠期，主要是做好控肥控水工作，肥水管理按照“花宝”—清水—清水—“花宝”—清水—清水顺序循环，间隔周期为7～10天，晴天或高温期间隔周期短些，阴雨天或低温期间隔周期长些或者不浇。浇水时间尽量安排在晴天中午温度较高的时候。

鸡冠花

/ 形似鸡冠更美艳 /

寓意

真挚永恒的爱。

花言花语

别　　名： 鸡髻花、老来红、芦花鸡冠

科　　属： 苋科青葙属

种养关键： 注意生长期的光照及病虫害

易活指数：

花　　期：

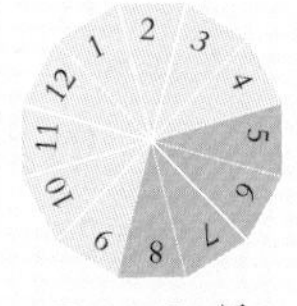

5～8月

果　　期：

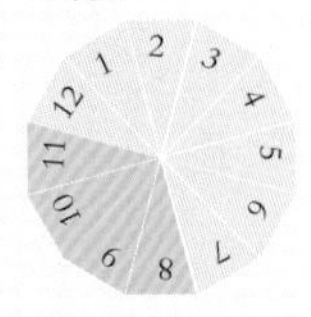

8～11月

适宜摆放地： 庭院、阳台、客厅

健康链接

可用于治疗便血、崩漏、白带等症。做法：将60克白鸡冠花加清水放入锅内煎煮，留汤去渣。将葱段、姜片下入锅内，再加适量盐、味精、白糖，烧开、调匀。将鸡蛋煮成荷包蛋，盛入碗中，淋上少许麻油即成。

养花心经

土壤

鸡冠花喜肥沃、排水良好的沙质壤土或用腐叶土、园土、沙土以1∶4∶2比例配制成混合基质。

光照

喜阳光充足、湿热，生长期要有充足的光照，每天至少要保证有4小时的光照。

温度

喜温暖，忌寒冷，不耐霜冻。生长适温为10～30℃。

水分、湿度

在生长期间必须适当浇水，但盆土不宜过湿，以潮润偏干为宜。开花后控制浇水，天气干旱时适当浇水，阴雨天及时排水。

护花常识

施肥

鸡冠花茎直立粗壮，肥水需要量较大，在上盆或地栽时需施入一些草木灰或过磷酸钙作基肥。生长后期加施磷肥，并多见阳光，可促使生长健壮和花序硕大。等到鸡冠形成后，每隔10天施1次稀薄的复合液肥，施2～3次即可。

修剪

矮生的鸡冠花定植后要进行摘心，以促发多分枝。其他品种不需摘心。

换盆

鸡冠花为一年生草本植物，无需换盆。

繁殖

常用播种繁殖法。清明时节进行，施足基肥，将种子均匀地撒于土面，略用细土盖严种子，踏实土后浇透水，保持泥土湿润。一般在气温15～20℃时，10～15天可出苗。

越冬

怕霜冻，一旦霜期来临，植株即枯死，所以应关注气候变化，及时将其搬入室内温暖处。

病虫害

茎腐病可用1∶1∶200的波尔多液或50%的甲基硫菌灵可湿性粉剂。少量蚜虫危害时，可以用毛笔蘸水刷掉并杀死或喷洒烟叶水防治。

凤仙花

/ 天然的染指油 /

花言花语

别　名：	指甲花、染指甲花、小桃红
科　属：	凤仙花科凤仙花属
种养关键：	不宜多浇水，否则易烂根
易活指数：	

花　期：

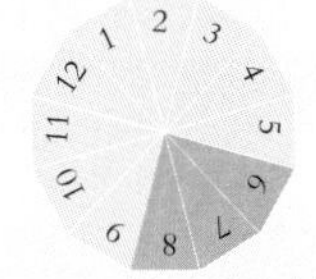

6～8月，后结蒴果

适宜摆放地：

庭院、阳台、窗台

健康链接

凤仙花有活血化淤、利尿解毒、通经透骨之功效。凤仙花3～5朵，泡茶饮可治妇女经闭腹痛。凤仙花根适量，晒干研末，每次9～15克，水酒冲服，1日1剂；或凤仙花茎叶捣汁，黄酒冲服，均可治跌打损伤。

养花心经

土壤

凤仙花适生于疏松、肥沃、微酸性土壤中，但也耐瘠薄。

温度

生长适温为 15 ~ 25℃。不耐寒，气温下降到 7℃时会受冻害。

光照

凤仙花喜光，也耐阴，每天要接受至少 4 小时的散射光。夏季要进行遮阴，防止温度过高和烈日暴晒。

水分、湿度

定植后应及时灌水。生长期要注意浇水，经常保持盆土湿润，特别是夏季要多浇水，但不能积水和土壤长期过湿。如果雨水较多应注意排水防涝，否则根、茎容易腐烂。夏季切忌在烈日下给萎蔫的植株浇水。特别是开花期不能受旱，否则易落花。

护花常识

施肥

定植后施肥要勤，特别注意不可忽干忽湿。

修剪

凤仙花长到 20 ~ 30 厘米时要摘心。定植后，对植株主茎要进行打顶，增强其分枝能力，让株型丰满。

换盆

随着凤仙花植株逐渐长大，可酌情更换更大的盆。

越冬

凤仙花为一年生植物，第二年最好重新繁殖新株。

繁殖

常用播种繁殖。3 ~ 9 月进行播种，以 4 月播种最为适宜，移栽不择时间。生长期在 4 ~ 9 月份，种子播入盆中后一般 1 个星期左右即发芽长叶。

病虫害

常见病害有轮纹病。常用药剂有:50% 福美双可湿性粉剂 800 倍液，65% 代森锌可湿性粉剂或 75% 百菌清可湿性粉剂 600 倍液。每隔 7 ~ 10 天喷 1 次，连喷 2 ~ 3 次。

郁金香

/ 迷人的“魔幻之花” /

寓意

博爱、体贴、高雅、富贵、能干、聪颖。

花言花语

别　　名： 洋荷花、草麝香、郁香

科　　属： 百合科郁金香属

种养关键： 要想花期长，需置于冷凉的环境

易活指数：

花　　期：

3～4月开花，花期长达3～5个月

适宜摆放地：

阳台

花友交流

Q：郁金香只长叶不开花怎么办？

A： 郁金香一般要在9～10月间栽种，这样才能满足它的生殖生长需要。盆土内要施入基肥，并保持适当的湿度，同时要保持光照充足，放在空气流通的地方。

养花心经

土壤

要求腐殖质丰富、疏松肥沃、排水良好的微酸性沙质壤土。

温度

喜冬季温暖湿润，夏季凉爽干燥的气候。8℃以上即可正常生长，一般可耐 -14℃低温，但怕酷暑。

光照

郁金香属长日照花卉，性喜向阳、避风。

水分、湿度

种植后应浇透水，使土壤和种球能够充分紧密结合而有利于生根。出芽后应适当控水，待叶渐伸长，可在叶面喷水，增加空气湿度。抽花薹期和现蕾期要保证充足的水分供应，以促使花朵充分发育，开花后适当控水。

护花常识

施肥

可施易吸收的氮肥如尿素、硝酸铵等，量不可多，否则会造成徒长，甚至影响植株对铁的吸收而造成缺铁症。生长期间追施液肥效果显著。

修剪

生长期间应适时修剪枯枝败叶，花朵枯萎后生命也即结束，无需修剪。

换盆

由于郁金香寿命短暂，因此生长发育期间通常无须换盆。

繁殖

可分株繁殖，以分离小鳞茎法为主，秋季 9 ~ 10 月分栽小球。母球为一年生，即每年更新，花后在鳞茎基部发育成 1 ~ 3 个次年能开花的新鳞茎和 2 ~ 6 个小球，母球干枯，母球鳞叶内生出一个新球及数个子球。栽培地应施入充足的腐叶土和适量的磷、钾肥作基肥。植球后覆土 5 ~ 7 厘米即可。

越冬

耐寒性很强，在严寒地区如有厚雪覆盖，鳞茎就可在露地越冬。

薰衣草

/ 宁静的香水植物 /

芳香，等待爱情。

花言花语

别　　名:	香水植物、灵香草、香草、黄香草
科　　属:	唇形科薰衣草属
种养关键:	避免强烈光照直射过度或者盆内积水
易活指数:	

花期:

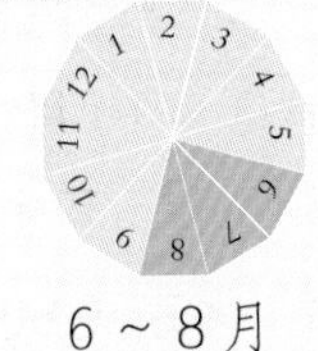

6 ~ 8月

果期:

8月

适宜摆放地: 卧室、客厅等

养花心经

土壤

喜微碱性或中性的沙质土，盆栽时须特别注意选择排水性良好的基质，可以使用 1/3 的珍珠石、1/3 的蛭石、1/3 的泥炭土混合后使用。

温度

薰衣草半耐热性，好凉爽，喜冬暖夏凉，生长最适宜温度为 15 ~ 25℃，在 5 ~ 30℃均可生长，高于 35℃以上顶部茎叶会枯黄。北方冬季长期在 0℃以下开始休眠，休眠时成苗可耐 –25 ~ –20℃的低温。

光照

薰衣草是全日照植物，需要充足阳光的环境。能够给予全日照的环境较佳，半日照也可以生长，但是开花会比较稀少。

水分、湿度

薰衣草不喜欢根部常有水滞留。在浇水后，应待土壤干燥时再给水。浇水不要过量，且要在早上，避开阳光，水不要溅在叶子或花上。

护花常识

施肥

可将骨粉放在盆土内当作基肥（每 3 个月 1 次），幼苗可施花宝 2 号，成株后再施磷肥较高的肥料如花宝 3 号。薰衣草不宜过多施肥，否则其香味会变淡。

修剪

薰衣草开完花后必须进行修剪，可以将植株修剪为原来的 2/3，这会使株型结实，并且有利于其生长。修剪需要在冷凉季节，一般在春季修剪，因为在秋季修剪会影响其耐寒性。修剪时要注意不要剪到木质化的部分，以免植株衰弱而死亡。

健康链接

薰衣草茶：将适量薰衣草、甘草、枸杞置入冲茶壶内，冲入热开水。数分钟后加入适量切丝柠檬皮，用调匙充分搅拌均匀即可饮用。

薰衣草茶有助镇静神经、帮助睡眠，解除紧张焦虑，可治疗初期感冒咳嗽，亦可逐渐改善头痛症状，是治疗偏头痛的理想花茶。薰衣草还可以沐浴时使用，也可放置于衣橱内代替樟脑丸。

换盆

如果薰衣草植株长大了，而盆子已经不能容纳它，就可以进行换盆。换盆尽量在春季和秋季进行。

繁殖

常用播种繁殖，薰衣草种子细小，适宜育苗移栽。播种期一般在春季，温暖地区可在每年的 3 ~ 6 月或 9 ~ 11 月进行，寒冷地区宜 4 ~ 6 月播种，在温室冬季也可播种。也可扦插繁殖，扦插一般在春、秋季进行，扦插的基质可用 2/3 的粗沙混合 1/3 的泥炭土。若用分株繁殖，可在春、秋季进行，用 3 ~ 4 年生的植株，在春季 3 ~ 4 月用成株老根分割，每枝都要带芽眼。

越冬

薰衣草在冬季应该摆放在向阳的地方，让其在全日照下生长。如果长期温度低于 0℃，它会进入休眠状态，可以抵抗 −25 ~ −20℃的低温。

病虫害

少有虫害，主要病害是根腐病，在高温高湿的环境下，要加强通风，保持空气干燥。特别是 6 ~ 10 月，雨后要及时翻盆，注意防止盆土积水。发病初期可以用百菌清、多菌灵 800 倍溶液灌根，每月灌 1 次。

米兰

/ 形似米粒香气迷人 /

有爱，生命就会开花。

花言花语

别　　名： 树兰、米仔兰

科　　属： 楝科米仔兰属

种养关键： 生长旺盛期勤施肥可使花开更艳

易活指数：

花　　期：

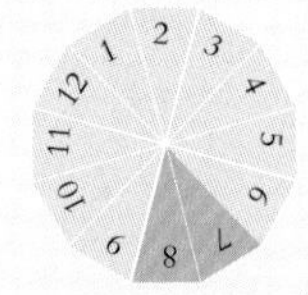

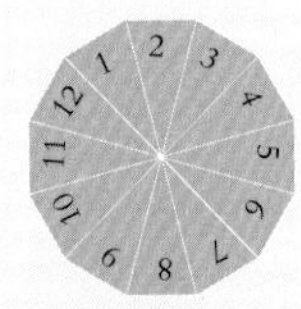

7 ~ 8月（北方）　四季开花（南方）

适宜摆放地： 可将米兰摆在客厅朝南向的窗边，使其能接受窗外的阳光。米兰开花时可以放在卧室一段时间，花谢后最好移至室外，放置向阳处

养花心经

土壤

米兰喜酸性土，盆栽宜选用以腐叶土为主的培养土，以疏松、肥沃的微酸性土壤为最好。

温度

生长适温为 20 ~ 25℃，冬季温度不低于 10℃。

光照

适宜在光照充足的环境下生长。

水分、湿度

喜湿润。生长期间浇水要适量，若浇水过多，易导致烂根。夏季，除每天浇水外，还要经常用清水喷洗枝叶并向放置地面洒水，提高空气湿度。

护花常识

施肥

米兰忌浓肥，以豆饼肥较好，鱼腥水、人粪尿也可以。生长衰弱及新植米兰不宜施肥，生长旺盛的可于4～6月间施稀薄腐熟豆饼肥水。夏季炎热，停止施肥。此外，由于米兰一年内开花次数较多，所以每开过一次花后，都应及时追施2～3次充分腐熟的稀薄液肥，这样才能开花不绝，香气浓郁。

修剪

米兰应从幼苗开始修剪整形，保留15～20厘米高的一段主干，不要让主干枝从土面丛生而出，而要在15厘米高的主干以上分杈修剪，以使株姿丰满。因此北方宜隔年在高温时节短剪1次衰老枯死的枝条，促使主枝下部的不定芽萌发而长出新的侧枝。生长期内一般不需要修剪，只是在树势不平衡时，将突出树冠的枝条进行短截。如必须在生长期修剪，需注意修剪的时间一般在每次开花后1周内，同时，在孕蕾时适当摘除顶芽及花蕾。夏季高温时一般不宜修剪。

换盆

每1～2年换盆1次。

繁殖

繁殖多用扦插、高枝压条或播种法。扦插在7～8月进行，剪取当年生枝条8～10厘米长，留先端2～3片叶，插于苗床，浇水遮阴。压条于春秋季进行。

越冬

冬季移入室内有直射阳光的地方。一般在霜降至立冬期间就要搬进室内，放在向阳的窗台或桌面上，室内温度保持在8～10℃，以不低于5℃为宜。温度过高，会长出嫩梢，降低适应性和抗寒力。天气骤变，室内温度降到5℃以下，应采取特殊的保暖措施。放米兰的地方，不宜开窗通风，以免冷风伤害植株。

病虫害

主要虫害有蚜虫、介壳虫、红蜘蛛。蚜虫可用烟蒂或辣椒水液喷洒植株，用灭蚜灵800倍液喷洒也可，若量少时可用小毛刷人工刷除。介壳虫可用噻嗪·杀扑磷1 500倍液喷洒。红蜘蛛可用敌敌畏乳油1 000倍液或氧乐果乳油2 000倍液喷洒植株。

山茶花

/ 花开典雅添豪气 /

可爱、谦让、理想的爱、谨慎、了不起的魅力。

花言花语

别　　名：	曼陀罗树、薮春、山椿、耐冬
科　　属：	山茶科山茶属
种养关键：	注意土壤环境和光照，忌高温烈日暴晒
易活指数：	

花　　期：

适宜摆放地：

阳台、客厅

一般从 10 月始花，翌年 5 月终花，盛花期 1 ～ 3 月

养花心经

土壤

喜肥沃、疏松的微酸性土壤，pH 以 5.5 ～ 6.5 为佳。

温度

喜温暖气候，生长适温为 18 ～ 25℃，始花温度为 2℃。略耐寒，一般品种能耐 -10℃的低温。耐暑热，但超过 36℃生长受抑制。

光照

喜半阴、忌烈日。

水分、湿度

喜空气湿度大，忌干燥。浇水过多或过少都不利于其生长发育，每天可向叶面喷 1 ～ 2 次水，而夏季除了增加喷水次数，还要每天傍晚浇 1 次透水。到了冬季，每隔 3 ～ 5 天浇 1 次水，选择在上午 10 点前后浇水为宜。

护花常识

施肥

山茶是喜肥花卉，因为树势健壮，叶片较多，花期也较长，因而需肥量也大。在施肥过程中，应施足基肥，结合换盆施足长效肥，可根据花盆大小，每盆施 30 ~ 80 克腐熟饼肥粉，放到盆底与底土拌匀。

修剪

山茶一年四季都可以进行修剪整形，从季节上讲，可分为春剪、夏剪、秋剪和冬剪。冬春修剪整形，被修剪枝萌芽能力较强，往往在修剪后会有更多的嫩芽萌发出来。因此，冬春修剪适合于树形矮化、造型、回缩恢复树势；夏秋修剪，其被修剪枝萌芽能力较弱，因此，适合于对内膛枝、交叉枝、病枯枝等修剪，以及树体的定形和改善植株枝冠内的通风、透光条件的修剪。

换盆

最好选择初春或花后进行，换土也不能 1 次全部换掉，一般只能换 1/3 ~ 1/2 即可，土壤最好选择微酸性、疏松肥沃、排水良好的，绝对不能用黏土或碱性土。

繁殖

常采用扦插繁殖，可选取树冠外部组织充实、叶片完整、叶芽饱满和无病虫害的当年生半成熟枝。插穗长度一般 4 ~ 10 厘米，先端留 2 片叶片，剪取时下部要带踵。扦插密度一般行距 10 ~ 14 厘米，株距 3 ~ 4 厘米。也可用播种繁殖，在每年 10 月上、中旬，将采收的果实放置室内通风处阴干，待蒴果开裂取出种子后，立即播种。若秋季不能马上播种，需至翌年 2 月播种。播种前可用新高脂膜粉剂拌种，一般秋播比春播发芽率高。

越冬

山茶较耐寒，过冬应注意尽量见阳光，温度保持在 2 ~ 5℃，有 20 ~ 30 天的休眠期，以利花芽分化。

病虫害

若发生褐斑病，只需加强管理，精心养护，增强植株抗病力以减少染菌机会。如适当增加株、行之间的距离，保持通风良好；经常除草、松土、排除积水；土壤要求酸性（pH6 左右）疏松，有良好的排水性。若发现介壳虫，可用 40% 氧乐果乳油 1 000 倍液喷杀防治或洗刷干净。

半枝莲

/药食两用的“韩信草”/

寓意

沉默的爱、光明、热烈、忠诚。

花言花语

别　名：	洋马齿苋、松叶牡丹、金丝杜鹃、死不了、太阳花、午时花
科　属：	马齿苋科马齿苋属
种养关键：	冬季注意保暖
易活指数：	

花　期：　　果　期：

6～9月，于岭南地区的夏季绽放　8～11月

适宜摆放地：庭院、窗台

养花心经

土壤

极耐瘠薄，一般土壤都能适应，对排水良好的沙质、疏松、透气、有肥效的土壤特别钟爱。覆土宜薄，不盖土亦能生长。

温度

半枝莲忌酷热，不耐寒。在15℃以上条件下20余天即可开花。

光照

喜温暖、阳光充足。

水分、湿度

育苗阶段时，水气蒸发得慢，不宜浇灌太多。开花期正处三伏天，需将其浇透，让植株充分吸水。

护花常识

施肥

每半个月施1次0.1%的磷酸二氢钾，就能达到花大色艳、花开不断的目的。

修剪

幼苗长到3~4厘米高时，从根部又长出了分枝。此时摘去主枝的头梢，不久在断口处又会萌生出一簇枝芽。待到根部的分枝长到一定长度，也可对分枝进行摘头。半枝莲被矮化后，株型也会变得好看。

换盆

半枝莲为一二年生花卉，不必换盆。

花友交流

Q：如何促使半枝莲多开花？

A： 当半枝莲茎叶枯黄凋萎时，可齐土剪去地上部分，促使其萌发新芽继续开花。

繁殖

半枝莲以播种繁殖为主，也可扦插繁殖。春、夏、秋均可播种，于4月份盆播，可以直播，对基质要求不严，可直接用蛭石等单一基质进行播种。

越冬

种苗越冬，每年霜降节气后将重瓣的半枝莲移至室内可照到阳光处。入冬后放在玻璃窗内侧，让盆土偏干一点就能安全越冬。次年清明后，可将花盆置于窗外，如遇寒流来袭，还需搬入窗内养护。

病虫害

重点防治蚜虫、杏仁蜂、介壳虫等。防治蚜虫的关键是在发芽前，即花芽膨大期喷药。

唐菖蒲

/ 监测环境的指示植物 /

寓意

用心、长寿、福禄、康宁、坚固。

花言花语

别　　名:	剑兰、菖蒲、扁竹莲、十三太保、菖兰、十样锦
科　　属:	鸢尾科唐菖蒲属
种养关键:	注意日照
易活指数:	

花　　期:

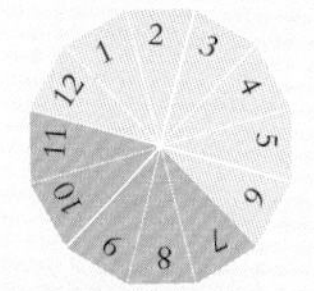

7 ~ 11 月

适宜摆放地:

阳台、客厅

养花心经

土壤

唐菖蒲喜湿润、疏松、排水良好的沙质土壤。

温度

喜凉爽偏暖的气候，生长适温为 20 ~ 25℃。

光照

不耐阴，是喜光性长日照植物。长日照且强光有利于花芽发育，如果在其生长到 4 ~ 5 片叶子时减少了光照时间，开花率就会明显下降。如果日长时间过短，则容易患上枯萎病。

水分、湿度

球茎栽下后，要 1 次浇透水。春、夏季花穗抽出后，切忌缺水干旱，但也不能浇水过多，以免盆中积水成涝。

护花常识

施肥

唐菖蒲不喜欢大肥，否则会引起植株徒长倒伏。生长期一般施 4 次稀薄追肥即可。

修剪

唐菖蒲不用特殊修剪，只是注意当幼苗成长时，在土面上用尼龙绳拉成方格，每格 1 棵，以防止后期植株倒伏，促进花枝挺直、美观。

换盆

春季是换盆的最佳时期，注意补充有机肥和增加采光并杀虫灭菌。

花友交流

Q：如何剪取唐菖蒲的花枝?

A： 唐菖蒲的花形别致，可以在开放后作为切花。进行剪取时应在第一、二朵花刚开放时进行，以早晨或黄昏后剪取为佳。可以把剪下的花置于冷水中，在冷凉处保存可达 10 天左右。

繁殖

可用分株繁殖，分株时将母球上自然分生的新球和子球取下，另行种植。还能切球繁殖，即将种球纵切成几部分，每部分必须带 1 个以上的芽和部分茎盘，切口干燥后种植。

越冬

唐菖蒲忌寒冻，夏季喜凉爽气候，不耐过度炎热，在南方冬季可在露地安全过冬，北方则需挖出球茎放于室内越冬。

病虫害

易患球茎腐烂病，要在刚挖球茎的时候就要小心，避免给球茎造成创伤。把挖出的球茎放入冷水中浸泡，然后再用酒精消毒，再放入通风、干燥的储藏室储藏。若发现叶枯病，可以在初期喷施 1% 等量式波尔多液或 50% 代森锌粉剂 1 000 倍液，一般 8 ~ 10 天喷洒 1 次。若发现蓟马，可以用 2.5% 溴氰菊酯乳剂 400 倍液喷杀。

朱槿

/ 花如木槿更深红 /

新鲜的恋情，微妙的美。

花言花语

别　　名：扶桑、朱槿牡丹、桑槿、佛桑、大红花、花上花、妖精花

科　　属：锦葵科木槿属

种养关键：注意越冬管理

易活指数：

花　　期：

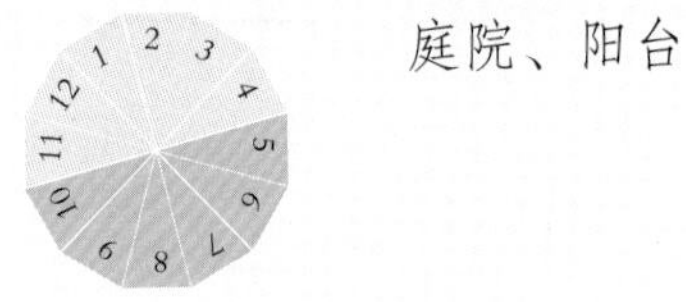

热带地区全年都是花期，盛花期在 5 ~ 10 月

适宜摆放地：

庭院、阳台

养花心经

土壤

朱槿喜富含有机质的微酸性土壤。盆栽种植可用壤土 8 份、有机肥 2 份混合作为培养土。

温度

朱槿喜温暖，不耐寒。生长室温为 18 ~ 30℃。

光照

喜阳光充足，夏季无需遮阴。

水分、湿度

朱槿喜湿润，需要保持每天浇 1 次水，做到见干见湿，不能有积水。

护花常识

施肥

生长期需肥料充足，冬季需求量相应减少，可在盆土表面撒一薄层干肥如粗粒饼粉、酱渣粉粒等。

修剪

朱槿入室半个月后至次年春季出室前最少进行 1 次重剪。将枝条部分进行短截，待萌发后每个枝条上再选留 2 个侧枝，其余小枝剪去。对于较老的植株可进行极重短截，即各侧枝基部仅保留 2 ~ 3 个芽，将上部全部剪去。修剪时要注意留芽的内外取向，以便控制今后枝条的生长方向。

花友交流

Q：朱槿冬季落叶、春季死亡的原因有哪些？

A：朱槿的抗寒能力较差，室温如控制在 15 ~ 22℃，可开花不断。短时间的零下低温就会受冻害，长时间的低温和阴湿会使其根茎腐烂，这些都是朱槿冬季落叶、春季死亡的原因。

换盆

每年早春 4 月移出室外进行换盆。换盆时要剪去部分过密的卷曲须根，另外还要施足基肥，盆底略加磷肥。

繁殖

可用扦插繁殖，剪取当年生健壮呈木质化枝条，10 ~ 12 厘米长，去掉下部叶片，只保留顶部 1 ~ 2 片叶，插入干净河沙中，置于荫蔽处，覆以塑料薄膜，经常喷水保湿，20 天左右可生根。也可采用嫁接繁殖，在温室条件下四季均可。嫁接多用劈接法，保持湿度，避免阳光直射，约 1 个月后成活，成活后需增加光照。

越冬

朱槿抗寒力弱，应放在室内有阳光的温暖处，温度宜高于 0℃。在室内过冬期间盆土保持略湿润即可，一般每 5 ~ 10 天浇水 1 次，水量不宜过多。

病虫害

常见病害有叶斑病、炭疽病、煤污病，可用 70% 甲基硫菌灵可湿性粉剂 1 000 倍液喷洒。常见虫害有蚜虫、红蜘蛛、刺蛾，可用 10% 氯菊酯乳油 2 000 倍液喷杀。

矮牵牛

/ 无需攀缘的喇叭花 /

安全感、与你同心。

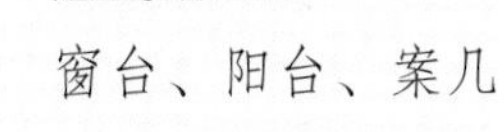

别　　名：碧冬茄、灵芝牡丹、毽子花、矮喇叭、番薯花、撞羽朝颜

科　　属：茄科矮牵牛属

种养关键：注意生长到一定程度要摘心

易活指数：

花　　期：

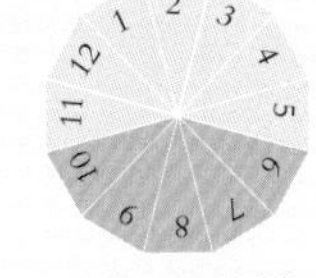

6～10月

适宜摆放地：

窗台、阳台、案几

养花心经

土壤

盆栽矮牵牛宜用疏松肥沃和排水良好的沙壤土。

温度

生长的适宜温度为13～18℃，冬季温度在4～10℃，如果低于4℃，植株会生长停止。夏季能耐35℃以上的高温。

光照

矮牵牛属长日照植物，生长期要求阳光充足，在正常的光照条件下，从播种至开花约需100天。

水分、湿度

在夏季高温季节，应在早、晚浇水。但开花前要减少浇水，使盆土保持偏干状态。开花期要充足浇水，否则盆土过干会使花朵过早凋谢。

护花常识

施肥

矮牵牛盆栽应施足基肥，平时可每20天左右施1次腐熟的稀薄液肥。施肥不宜过量，尤其氮肥不能多施，否则盆土过肥，植株容易徒长。

修剪

将每条枝条都短截1/2或1/3，留有能发芽的枝条即可完成更新。更新后的植株只要有充足的光照，温度在15～30℃之间，水肥供应及时，但不能偏多即可成功。注意如果矮牵牛的枝条不是很长，不要修剪，因为修剪后植株开花需一段时间。也可以将其吊起来欣赏。

换盆

盆栽2～3年都要倒盆换土。矮牵牛倒盆后叶子发蔫是缓苗期和适应期。此时不要马上见阳光，过了缓苗期和适应期再让它见阳光。换完盆后第1次浇水一定浇透，过几天再浇第2次水。

繁殖

扦插繁殖全年均可进行，花后剪取萌发的顶端嫩枝，长10厘米左右，插入沙床，保持温度为20～25℃，插后15～20天生根，30天可移栽上盆。矮牵牛种子细小，播种盆土要细而平。发芽的适宜温度为20～22℃，采用室内盆播，用高温消毒的培养土、腐叶土和细沙的混合土。播后不需覆土，轻压一下即可，约10天发芽。当出现真叶时，室温以13～15℃为宜，真叶4～5片时进行移栽。

越冬

矮牵牛原产南美洲，不抗寒，冬季会冻死，要移到温室才能安全过冬。盆土如果不是太干，就不要浇水，要避免因浇水过多而引起烂根落叶或造成幼枝徒长，影响以后花芽分化和减弱抗寒力。

病虫害

易发白霉病、叶斑病、病毒病。白霉病：发病后及时摘除病叶，发病初期喷洒75%百菌清600～800倍液。叶斑病：尽量避免碰伤叶片并注意防止风害、日灼及冻害，及时摘除病叶并烧毁，注意清除落叶，并喷洒50%代森铵1 000倍液。病毒病：间接的防治方法是喷杀虫剂防治蚜虫，喷洒40%氧乐果乳油1 000倍液；在栽培过程中，接触过病株的工具和手都要进行消毒。

晚香玉

/ 至夜香更浓 /

危险的欢愉。

花言花语

别　　名：	夜来香、月下香
科　　属：	石蒜科晚香玉属
种养关键：	应尽量控制叶片数，使叶片之间有一定的间距
易活指数：	

花　　期：

7 ~ 11 月

适宜摆放地：

客厅、阳台

养花心经

土壤

对土质要求不严，以黏质壤土为宜。对土壤湿度反应较敏感，喜肥沃、潮湿但不积水的土壤。

温度

晚香玉性喜温暖湿润、阳光充足的环境。最适宜生长温度白天 25 ~ 30℃，夜间 20 ~ 22℃。

光照

生长要求光照充足，不适宜在荫蔽环境中生长。

水分、湿度

栽种后要勤浇水，过干不利出苗，过湿易腐烂，在保持适宜的湿度条件下，1 个月左右可出芽。当叶丛长出时，要适当浇水，进行“蹲苗”。到了抽花箭阶段，浇水要充分，以促使生长旺盛、开花繁茂。

护花常识

施肥

除基肥外，一般在萌芽出土后、花箭抽生以及孕蕾期各施 1 次稀薄液肥。常用 2% 三元复合肥溶液浇根。同时用多元微肥 500 倍液或磷酸二氢钾 600 倍液喷叶。孕蕾后期应该增施 1 次含磷较多的速效肥料。

修剪

在夏、秋高温季节生长势强，新生枝条生长速度快，如果任其自然生长，枝条过长、株型松散，既不美观，开花又少。可采取分期短剪，使枝短、枝密、株型紧凑，多开花。

换盆

春季可结合分株时换盆。

花友交流

Q：晚香玉的如何插花观赏？

A：晚香玉是重要的切花，瓶插花期可延续 10 天左右。切花装饰中常与唐菖蒲相配，制作花束、花篮、瓶花更是色香俱全。矮生品种适宜盆栽观赏。

繁殖

可用分株繁殖，11 月下旬地上部枯萎后挖出地下茎，除去萎缩老球，一般每丛可分出 5 ~ 6 个成熟球和 10 ~ 30 个子球，晾干后贮藏室内干燥处。春季分株，种植时将大小子球分别种植，通常子球培养一年后可以开花。供切花生产用的大子球直径宜在 2.5 厘米以上，小子球经培养 1 ~ 2 年可长成开花大球。

越冬

在华北地区不能露地越冬，需移入室内越冬。如气温适宜，则四季均可生长开花。

病虫害

植株发育不良、矮小和黄化可用 40% 氧乐果乳油 1 500 倍液浇灌土壤，也可以在盆土内埋施 3% 克百威进行防治。炭疽病可用 75% 甲基硫菌灵可湿性粉剂 1 000 倍液或 80% 炭疽福美可湿性粉剂 600 倍液或 75% 百菌清可湿性粉剂 700 倍液等喷雾防治，平时可选配 1 ∶ 1 ∶ 200 倍波尔多液进行防治。

大岩桐

/ 节日中的欢乐花 /

欲望、华丽之美。

花言花语

别　　名：六雪尼、落雪泥

科　　属：苦苣苔科大岩桐属

种养关键：浇水需适量，不可过干或过湿，水温也不可忽冷忽热

易活指数：

花　　期：4～7月

果　　期：5～8月

适宜摆放地：客厅、书房、卧室

养花心经

土壤

喜疏松、肥沃、微酸性、保水良好的腐殖质土壤。盆栽大岩桐，常用腐叶土、粗沙和蛭石的混合基质。

温度

大岩桐喜温暖、湿润和半阴环境。1～10月适宜温度在18～23℃，10月至翌年1月适温为10～12℃。冬季温度不低于5℃。

光照

平时要适当遮阴，避免强光直射。冬季应保持阳光充足。夏季必须放在通风、具有散射光的地方精心养护。开花时适当遮阳，可延长花期。

水分、湿度

夏季高温阶段，每天浇水1～2次。冬季休眠期保持干燥。空气干燥时要经常向植株周围喷水，增加环境的湿度。开花期间避免淋水。

护花常识

施肥

从展叶到开花前，每周施 1 次腐熟的稀薄有机液肥，花芽形成后需增施磷肥。施肥时不可沾污叶面。每次施肥后要喷清水 1 次，保持叶面清洁。

修剪

生长期及时摘除残叶，花谢后如果不留种，应及时剪去残花以利于继续开花和供球茎生长。

换盆

每 2 ~ 3 年换盆 1 次。

繁殖

主要有播种法和扦插法。播种法繁殖，温度在 20 ~ 22℃时，约两周出苗，苗期避免强光直晒，并经常喷雾，一般从播种到开花约需 18 周，即秋播后翌年 4 ~ 5 月开花，春播于 7 ~ 8 月开花；扦插繁殖可用叶插，也可用芽插。叶插是选用生长健壮、发育中期的叶片，连同叶柄从基部采下，将叶片剪去一半，将叶柄斜插入湿沙基质中，盖上玻璃并遮阴，保持室温 25℃，待长出幼苗后移入小盆。而芽插则在春季种球萌发新芽长达 4 ~ 6 厘米时进行，将萌发出来的多余新芽从基部掰下，插于沙床中，并保持一定的湿度。

越冬

在冬季，植株的叶片会逐渐枯死而进入休眠期，此时可把地下块茎挖出，贮藏于阴凉、干燥的沙中越冬。待到翌年春暖时，再用新土栽植。

病虫害

主要是叶枯性线虫、尺蠖和红蜘蛛。出现叶枯性线虫时，可对苗床用土和花盆用蒸汽或三氯硝基甲烷等进行消毒或拔除被害株烧掉或深埋。发现尺蠖后应及时捕捉或在盆土中施入克百威防治。

石竹

/ 净化空气的观赏花 /

寓意

纯洁的爱、才能、大胆、女性美。

花言花语

别　　名：	洛阳花、中国石竹、十样景花、汪颖花、洛阳石竹、石菊、绣竹、常夏、日暮草、瞿麦草等
科　　属：	石竹科石竹属
种养关键：	注意别浇水过多，应该不干不浇，不宜水涝
易活指数：	
花　　期：	4～9月
果　　期：	8～10月
适宜摆放地：	门厅入口处、书房

健康链接

石竹可以吸收空气中的二氧化硫，将这一有害物质转化为氧气、糖和各种氨基酸。同时石竹有杀菌作用，对结核杆菌、肺炎球菌、葡萄球菌的生长繁殖具有明显的抑制作用，能创造良好的家居环境。

养花心经

土壤

石竹要求肥沃、疏松、排水良好及含石灰质的壤土或沙质壤土。

温度

石竹耐寒、耐干旱，不耐酷暑，生长适宜温度 15 ~ 20℃。冬季温度应保持在 12℃以上。温度高时要遮阴、降温。

光照

石竹夏季多生长不良或枯萎，栽培时应注意遮阴降温。长期要求光照充足，摆放在阳光充足的地方，夏季以散射光为宜，避免烈日暴晒。

水分、湿度

浇水应掌握“不干不浇”的原则。

护花常识

施肥

盆栽石竹需要施足底肥，生长旺季追肥 1 次，可用有机液肥。而石竹的整个生长期要追肥 2 ~ 3 次，可施腐熟的人粪尿或饼肥。9 月份以后加强肥水管理。

修剪

石竹苗长至 15 厘米高需摘除顶芽，促其分枝，以后注意适当摘除腋芽，否则分枝多，会使养分分散而开花小。适当摘除腋芽使养分集中，可促使花大而色艳。石竹修剪后可再次开花。

换盆

每两年换盆 1 次。

繁殖

石竹常用播种、扦插和分株繁殖。播种繁殖时，种子发芽最适温度为 21 ~ 22℃，因此播种繁殖一般在 9 月份进行。扦插繁殖一般在 10 月至翌年 2 月下旬到 3 月进行，枝叶茂盛期剪取嫩枝 5 ~ 6 厘米长作插条，插后 15 ~ 20 天即可长出主根。分株繁殖多在花期之后，利用老株分株，可在秋季或早春进行，如在 4 月分株，夏季注意排水，9 月份以后加强肥水管理，于 10 月初再次开花。

越冬

入冬之后，需要将石竹移入室内，温度不能低于 12℃。如果温度保持在 5 ~ 8℃，则冬、春季开花不断。同时，冬季石竹宜少浇水，需控水控肥。

杜鹃花

/ 花开热闹又喧腾 /

爱的喜悦。

花言花语

别　　名:	映山红、山石榴、山踯躅、红踯躅、金达莱 、山鹃
科　　属:	杜鹃花科，杜鹃花属
种养关键:	避免阳光直射，否则叶片变黄，甚至死亡
易活指数:	
花　　期: 3 ~ 5 月	果　　期: 9 ~ 11 月
适宜摆放地:	窗台、楼梯口、客厅、书房

养花心经

土壤

要求富含腐殖质、疏松、湿润及 pH 5.5 ~ 6.5 的酸性土壤。

温度

杜鹃花最适宜的生长温度为 15 ~ 20℃，气温超过 30℃或低于 5℃时生长停滞。在 20℃左右生长最旺盛，30℃以上停止生长，处于休眠状态。

光照

对光有一定要求，但不耐暴晒，夏秋季应适当遮光。春季在出室前到开花前宜多见阳光。

水分、湿度

春季见盆土微干即浇，夏季每日需浇足 1 次水，秋季盆土宜稍干，冬季控制浇水，提高抗寒性。

护花常识

施肥

进入盛夏后要停止施肥，使其安全越夏并有利于花芽分化；在花芽分化与孕蕾期应每隔 10 天左右施 1 次磷肥为主的肥料；在生长期要注意薄肥勤施；开花前一个月施 1 ~ 2 次磷肥，开花后施 1 ~ 2 次混合肥料。一般 10 月份以后生长基本停止，就不再施肥。

修剪

杜鹃耐修剪，隐芽受刺激后极易萌发，可借此控制树形，复壮树体。一般在 5 月前进行修剪，所发新梢当年均能形成花蕾，过晚则影响开花。杜鹃生长较缓慢，一般任其自然生长，只在花后进行整形，剪去徒长枝、病弱枝、畸形枝、损伤枝。

换盆

盆栽每 2 年换土 1 次，盆土可用泥炭土、腐殖土、锯末等混合而成。

健康链接

除作观赏外，杜鹃花、叶可入药，能止咳、祛痰。杜鹃花味甜、性温，能降血脂、降胆固醇、滋润养颜，长期饮用，可令皮肤细嫩，面色红润。

繁殖

常用播种、扦插和嫁接繁殖。常绿杜鹃最好随采随播，落叶杜鹃亦可将种子贮藏至翌年春播。气温 15 ~ 20℃时，约 20 天出苗。扦插繁殖一般于 5 ~ 6 月间选当年生半木质化枝条作插穗，插后遮阴，在温度 25℃左右的条件下，1 个月即可生根。嫁接繁殖采用较多，常行嫩枝劈接，嫁接时间不受限制，砧木多用二年生毛鹃，成活率达 90% 以上。

越冬

杜鹃冬季有短暂的休眠期。冬季若气温过低，一定要将其移入室内，温度保持在 15℃以上为最佳。如果长期在 0℃以下就会冻死。

病虫害

主要有叶斑病和粘叶虫。叶斑病需要在 5 月至 8 月下旬每隔 2 周喷施 1 次 70% 硫菌灵 1 000 倍液或 20% 三唑酮 4 000 倍液或 50% 代森锰锌 500 倍液。粘叶虫可用黑光灯诱杀成虫，用 20% 灭幼脲悬浮剂 8000 倍液、20% 氰戊菊酯 2 000 倍液等喷杀幼虫。

三色堇

/ 形似人脸惹人怜 /

寓意

我爱你，幸福向你飞来。

花言花语

别　　名： 三色堇菜、蝴蝶花、人面花、猫脸花、阳蝶花、鬼脸花

科　　属： 堇菜科堇菜属

种养关键： 不宜浇水过多

易活指数：

花　　期： 4 ~ 7月

果　　期： 5 ~ 8月

适宜摆放地： 以露天栽种为宜。室内最佳摆放位置是窗台和阳台，可以长保花朵寿命

花友交流

Q：如何延长三色堇的花期？

A： 采用不同的播种时间，一般在播种2个月左右开花。春季播种，6 ~ 9月开花；夏季播种，9 ~ 10月开花；秋季播种，12月开花；11月播种，第二年2 ~ 3月开花。

养花心经

土壤

土壤以疏松、肥沃和排水良好的中性壤土、黏壤土或泥炭土加粗沙为宜。

温度

三色堇较耐寒，喜凉爽，生长适温为 7 ~ 15℃，春季温度白天以 10℃最好，晚间 4 ~ 7℃为宜。连续高温在 25℃以上，则花芽消失，形成不了花瓣。但温度低于 –5℃，叶片受冻，边缘变黄。

光照

三色堇对光照反应比较敏感，若光照充足，日照时间长，三色堇茎叶生长繁盛，开花提早；如果光照不足，日照时间短，三色堇会开花不佳或延迟开花。

水分、湿度

浇水需在土壤干燥时进行，温度低、光照弱时，浇水要小心。幼苗期如盆土过湿，容易遭受病害。生长旺盛期可以保持盆土稍湿润，但不能过湿或积水，否则影响植株正常生长，甚至枯萎死亡。

护花常识

施肥

一般每 15 天追施 1 次腐熟稀薄肥水，生育期间每 20 ~ 30 天施肥 1 次，各种有机肥料或氮、磷、钾均佳。

修剪

在生长期要及时摘除残枝、残花，对徒长枝通过摘心控长，促发新枝，使植株圆满、冠形好，还可延长花期。

换盆

不必常换盆。

繁殖

常用播种、扦插和分株繁殖。播种繁殖以 9 月秋播最好，发芽适温为 13 ~ 16℃，播后 12 ~ 15 天发芽。扦插繁殖在 5 ~ 6 月进行，剪取植株基部萌发的枝条，插入泥炭土中，保持空气湿润，插后 15 ~ 20 天生根。分株繁殖常在花后进行，将带不定根的侧枝或根茎处萌发的带根新枝剪下直接盆栽，并放半阴处恢复。

越冬

入冬前将其转入室内即可安全越冬。

四季海棠

/ 四季花开生机勃勃 /

相思、呵护、诚恳、单恋、苦恋。

花言花语

别　　名： 蚬肉秋海棠、玻璃翠、四季秋海棠、瓜子海棠、玻璃海棠

科　　属： 秋海棠科秋海棠属

种养关键： 要想花开艳丽，生长期要多摘心

易活指数：

花　　期：

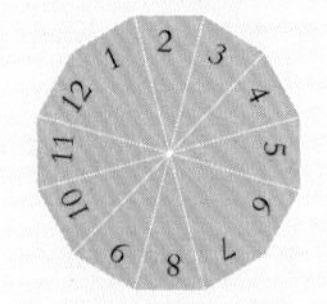

花期为四季，但以春秋两季最盛

适宜摆放地：

既可在庭院、花坛、阳台等室外栽培，也可放在室内书桌、茶几、案头等地方

养花心经

土壤

要求富含腐殖质、排水良好的中性或微酸性土壤，既怕干旱，又怕水渍。

温度

四季海棠发芽时适温15～20℃，天数15天。生长时适温10～30℃。

光照

性喜光照，在初春可接受直射阳光，随着日照的增强，须适当遮阴。

水分、湿度

浇水的原则为“不干不浇，浇则浇透”。生长旺盛期盆土需要保持湿润。夏季浇水早上浇比晚上浇好。表面微干即可浇水，一次浇透。怕积水，夏季注意遮阴，通风排水。冬季要少浇水，盆土始终保持稍干状态。

护花常识

施肥

春秋生长期需掌握薄肥勤施的原则，主要施腐熟无异味的有机薄肥水或无机肥浸泡液。在幼苗发育期多施氮肥，促长枝叶；在现蕾开花阶段多施磷肥，促使多孕育花蕾，花多又鲜艳。生长缓慢的夏季和冬季，则少施或停止施肥。

修剪

及时修剪长枝、老枝而促发新的侧枝，加强修剪有利于株型的美观。当花谢后，一定要及时修剪残花、摘心，才能促使多分枝、多开花。如果忽略摘心修剪工作，植株容易长得瘦长，株型不很美观，开花也较少。

换盆

四季海棠根系发达，生长快，每年春季需换盆，加入肥沃疏松的腐叶。

健康链接

四季海棠以块茎和果入药。夏秋采块茎；初冬采果，晒干或鲜用。

繁殖

主要采用播种、扦插、分株 3 种方式。扦插一年四季均可进行，可直接扦插在塑料花盆上，需将节部插入土内。但成苗后分枝较少，除重瓣品种外，一般不采用此法繁殖。

越冬

到了霜降之后，就要移入室内防冻保暖，气温保持在 10℃以上，否则遭受霜冻就会冻死。室内摆设应放在向阳处，当室内温度低于 5℃时，到了夜间应把盆株移到离窗口较远的几桌上，不使叶片受冻，白天再移到窗台上有阳光的地方。为了使植株生长匀称，应经常转动花盆。室内需有暖气、空调等取暖条件，使室温持续在 15℃以上，追肥后仍能继续开花。

病虫害

虫害主要是危害叶、茎的各类害虫，有蛞蝓、蓟马、潜叶蝇等，应针对性用药。夏秋季容易遭受金龟子幼虫危害。

天竺葵

/ 窗边的绣球花 /

偶然的相遇，幸福就在你身边。

花言花语

别　　名： 洋绣球、入腊红、石腊红、日烂红、洋葵、驱蚊草、洋蝴蝶

科　　属： 牻牛儿苗科天竺葵属

种养关键： 平时浇水不需太多，否则会引起叶片变黄、植株生长不良

易活指数：

花　　期：

5～7月

果　　期：

6～9月，盛夏休眠

适宜摆放地： 阳台或窗台

养花心经

土壤

天竺葵适应性强，各种土质均能生长，但以富含腐殖质、排水良好的沙壤土生长最佳。

光照

喜光照充足，每日至少要有4小时的光照。但不耐炎夏的酷暑和烈日的暴晒。

温度

好温暖，忌高温。生长适温为白天15℃左右，夜间不低于5℃。

水分、湿度

稍耐旱，怕积水。浇水要适中，盆土不可过湿。

护花常识

施肥

天竺葵不喜大肥，肥料过多会使生长过旺不利开花。为使开花繁茂，每1～2星期浇1次稀薄肥水，每隔7～10天浇800倍磷酸二氢钾溶液可促进正常开花。

修剪

从幼苗开始进行整形修剪。一般苗高10厘米时摘心，促发新枝。待新枝长出后还要摘心1～2次，直到形成满意的株型。花后及时剪去残败花茎，剪掉过密和细弱的枝条，以免过多消耗养分，也可增加株间光照，诱使萌发新叶，抽出新的花茎。

换盆

天竺葵怕热，高温天气下换盆风险大。建议等9月以后，到秋季再换盆。

繁殖

天竺葵繁殖以扦插为主，多于春、秋两季进行，但有温室设备者可冬插。一般春插者可于新年和春节间开花，秋插者可于4月底开花。插穗用新、老枝条，但以枝端嫩梢插后生长最好。插穗选长10厘米左右，保留上端叶片2~3片。天竺葵也可水培，剪下老枝条阴干1天，即可插入清水中，1周左右长出新叶，大约20天可生根。

越冬

天竺葵喜温怕寒，北方地区应在霜降到来时把盆株移至室内，放在向阳的窗前，使其充分接受光照。南方也应在立冬过后将盆株移到避风保暖向阳处，既便于盆花多晒太阳，又便于躲避风寒。室内温度应保持日温15～20℃，夜间不低于10℃。

病虫害

危害天竺葵的虫害较多。其中主要害虫斜纹夜蛾的发生高峰期分别为6月和9月，可用5%氟铃脲悬浮剂和1%甲维盐微囊悬浮剂进行喷洒。

花友交流

Q：怎样防止天竺葵烂根？

A：为防止天竺葵烂根，除注意浇水外，还要选用富含腐殖质、排水透气良好的沙质土壤。

丁香

/ 寄托忧愁的香花 /

青春时期的回忆、惹人怜爱、轻愁。

花言花语

别　　名：公丁香、百结、丁子香、鸡舌香

科　　属：木犀科丁香属

种养关键：不宜施大肥，否则徒长，影响开花

易活指数：

花　　期：

4～6月

适宜摆放地：庭前、窗外，也可在室内阳台上摆放

养花心经

土壤

丁香适应性较强，耐瘠薄，以肥沃、排水良好、疏松的中性土壤或沙土为宜，忌酸性土。

温度

丁香性喜热带海岛性气候，适宜温度为15～25℃。极端低温达3℃时，可导致植株死亡。

光照

丁香喜充足阳光，也耐半阴。

水分、湿度

丁香属植物喜湿润，但有较强的耐旱性，忌积涝、湿热，切忌栽于低洼阴湿处。在每年春季天气干旱时，芽萌动、开花前后需各浇1次透水。在北京和华北地区，4～6月是干旱和高温季节，也正是丁香生长旺盛并开花的季节，因而每月要浇2～3次透水，浇后立即保墒。7月以后进入雨季时，庭院种植的丁香要注意排水防涝。到11月中旬入冬前要浇足水。

护花常识

施肥

丁香不喜大肥，切忌施肥过多。盆栽使用自制肥料即可，一般每年或隔年入冬前施 1 次腐熟堆肥即可。

修剪

在 3 月中旬发芽前，要对丁香进行整形修剪，剪除过密枝、细弱枝，中截旺长枝，使树冠内通风透光。花谢后如不留种，可将残花连同花穗下部两个芽剪掉，以减少养分消耗，促进萌发新枝和形成花芽。落叶后，还可以进行 1 次修剪，把病虫枝、枯枝、纤细枝剪去，并对交叉枝、徒长枝、重叠枝、过密枝进行适当短截，使枝条分布匀称，以保持树冠圆整美观，利于来年生长、开花。

健康链接

常食丁香粥可治疗胃寒呕吐、呃逆食少、腹痛腹泻、阳萎阴冷、寒湿带下等症。用法：取丁香 5 克、大米 100 克、生姜 3 片，红糖适量。将丁香择净，水煎取汁 100 毫升。加大米煮粥，待沸时调入红糖、姜片，煮至粥熟即可，每日 1 剂。

换盆

管理好的丁香生长比较迅速，因此每隔 1 ~ 2 年应当更换花盆。更换花盆不但为丁香的根系提供了更大的生长空间，而且也为之提供了新鲜的营养，消除了积聚在旧土壤中的病菌等，对生长十分有利。

繁殖

主要用播种、扦插、嫁接、压条和分株法繁殖。播种繁殖可在 5 ~ 6 月，从 5 ~ 6 年生的植株上将紫红色的果实及时采收，随采随播。处理后的种子最佳播种时间为 8 ~ 9 月。

越冬

丁香喜温暖、湿润及阳光充足，很多种类也具有一定耐寒力，可在低温环境下安然过冬，所以不必移入室内养护。

病虫害

丁香病虫害很少，主要害虫有蚜虫、袋蛾及刺娥，可用 800 ~ 1 000 倍 40% 氧乐果乳剂或 1 000 倍 25% 的亚胺硫磷乳剂喷洒防治。

一串红

/ 花开如串串红炮仗 /

家族的爱，恋爱的心。

花言花语

别　　名： 爆竹红、象牙红、西洋红（广州）、墙下红（北京）、象牙海棠（云南）、炮仔花（福建）

科　　属： 唇形科鼠尾草属

种养关键： 移栽花盆时需注意带土移栽

易活指数：

花　　期：

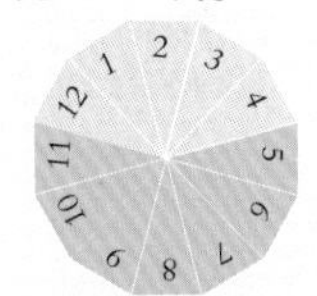

5月至11月上旬在华南地区栽培得当，可四季开花

适宜摆放地： 用于窗台、阳台美化和屋旁、阶前点缀

花友交流

Q：一串红采切保鲜应注意什么？

A： 一串红应在温度低、湿度大时采切。采切过早，往往采切后花朵不易正常开放。一般是在开花前1～2天采切。

养花心经

土壤

一串红要求疏松、肥沃和排水良好的沙质壤土，对用甲基溴化物处理的土壤和碱性土壤反应非常敏感。

温度

一串红喜温暖，但忌高温，耐寒性差，忌霜雪，对温度反应比较敏感。最适温度为 20 ～ 25℃。

光照

耐半阴，室内养护须阳光充足。若光照不足，植株易徒长。

水分、湿度

怕积水，生长前期不宜多浇水，可每2天浇1次，以免叶片发黄、脱落。进入生长旺盛期，可适当增加浇水量。

护花常识

施肥

一串红喜肥，盆栽要施足基肥，生长期间每半个月浇 1 次腐熟的粪肥水或饼肥水，也可增施腐熟的有机肥，使花开茂盛，延长花期。每次除蕾后要浇足水，经 7 天后施淡肥，其后勤施肥，并适当增施磷、钾肥来促生新梢，使花开繁盛。

修剪

生长期间，应经常摘心整形以控制植株高度及分枝。一般开花前 1 个月停止摘心，但为了推迟花期，在现蕾期摘心，这样可推迟花期 15 ～ 30 天。秋季及时摘除残花枝，既可改善观赏效果，又可延长花期。

换盆

每年换 1 次盆。

繁殖

以播种繁殖为主，也可扦插繁殖。播种于 3 月至 6 月上旬均可进行。播后不必覆土，温度保持在 20℃左右。扦插繁殖可在夏秋季进行，选择粗壮充实枝条，长 10 厘米，插入消毒的腐叶土中，插后 10 天可生根。

越冬

北方 11 月上旬，可把生长健壮的盆栽移入室内，置于向阳处养护越冬。

病虫害

常见银纹夜蛾、短额负蝗、粉虱和蚜虫等危害，可用 10% 二氯苯醚菊酯乳油 2 000 倍液喷杀。也可能会发生腐烂病或受红蜘蛛等侵害，可用 40% 氧乐果乳油 1 500 倍液喷洒防治。

万寿菊

/ 驱蝇的坛边植物 /

健康长寿。

花言花语

别　　名：	臭芙蓉、万寿灯、蜂窝菊、臭菊花、金菊花、蝎子菊
科　　属：	菊科万寿菊属
种养关键：	播种时要注意精选种子
易活指数：	

花　　期：

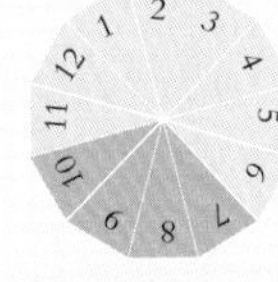

7 ~ 10月

果　　期：

9 ~ 10月

适宜摆放地： 庭院内、阳台上

养花心经

土壤

对土壤要求不严，但以肥沃疏松、排水良好的土壤为好。

温度

万寿菊耐寒，生长适宜温度为 15 ~ 25 ℃，花期适宜温度为 18 ~ 20℃，冬季温度不低于 5℃。夏季高温 30℃以上，植株徒长，茎叶松散，开花少。10℃以下，生长减慢。

光照

万寿菊为喜光性植物，喜阳光充足的环境。若阳光不足，茎叶柔软细长，开花少而小。

水分、湿度

万寿菊喜温暖湿润，耐干旱。苗期初期浇水要求勤些，不可干旱，真叶生长出来后，需要在表土干燥后再浇水，不要太湿。要求生长环境的相对湿度在 60% ~ 70%。

护花常识

施肥

一般每月施1次腐熟稀薄有机液肥或氮、磷、钾复合液肥。在花盛开时进行根外追肥，喷施时间以下午6时以后为好。

修剪

定植或上盆的幼苗成活后，要及时摘心，以促发分枝，多开花。对过密枝通过疏剪，改善光照，保留壮枝，但不能摘心，使顶部的花蕾发育充实。在多风季节，还应通过修剪、摘心控制植株高度，以免倒伏，否则要立支柱，以防风吹倒伏。适合在冬季落叶后或春季修剪，老化的植株施以强剪，促使枝叶更茂盛。

花友交流

Q：怎样培育万寿菊才能更好地开花？

A：首先，浇水时不可直接将水淋洒在花朵上，避免使花瓣受伤而腐烂。其次，要放在日照充足的地方，阳光不足会使植株徒长、花朵较小或开花减少。最后，每20～30天施用1次开花速效肥，有利于持续开花。

换盆

万寿菊生长旺盛，应每年换2次大一些的盆。换盆时，盆底加有机肥，然后将带土坨的万寿菊修整，去掉部分泥土和老根，放入新盆中，再填入肥沃的培养土，压实浇透定根水，半阴处放置，1周后转入正常养护。

越冬

在冬季将万寿菊移至室内，保持温度不低于5℃。

繁殖

万寿菊以播种繁殖为主，也可扦插繁殖。3月下旬到4月初播种，发芽适温15～20℃，播后1星期出苗。扦插宜在5～6月进行，很易成活。管理较简单，从定植到开花前每20天施肥1次。

病虫害

万寿菊病虫害较少，主要是病毒病、枯萎病、红蜘蛛。对红蜘蛛在初期就需要进行防治，可用40%氧乐果乳油1 000～1 500倍液或50%马拉硫磷乳油1 000倍液，隔7天喷1次，连喷2次。病毒病可用20%盐酸吗啉胍·乙酸铜可湿性粉剂600倍液喷施，每5~7天喷一次，连喷2次。枯萎病用75%百菌清可湿性粉剂800倍液防治。

雏菊

/ 纯洁的菊中丽人 /

隐藏在心中的爱。

花言花语

别　　名：春菊、马兰头花、玛格丽特、延命菊

科　　属：菊科雏菊属

种养关键：不耐高温，夏季注意遮阴

易活指数：

花　　期：

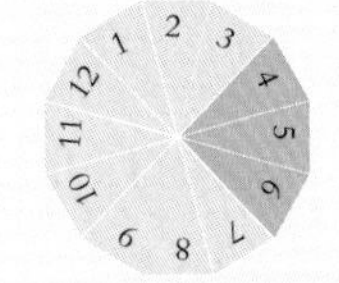

4～6月

适宜摆放地：

阳台、窗台、客厅

养花心经

土壤

适于排水良好的肥沃壤土，一般园土也可适应，不耐水湿。

温度

耐寒，宜冷凉气候，在炎热条件下开花不良，易枯死。

光照

雏菊出苗需要光照，宜放在有散射光的地方。出苗后慢慢接受光照。雏菊喜冷凉，但又要光照充足，放在窗台边就好。秋季阳光不烈，也可以直射。

水分、湿度

浇多少水要看土壤，见干见湿。把土抓在手上，如果能捏成团不松开的话那就不用浇水，如果土松开了就要浇水，一般在苗刚定植的时候多浇水，到要开花的时候少浇水。

护花常识

施肥

施肥不必过勤，每隔 2 ~ 3 周施 1 次稀薄粪水，每月中耕 1 次，待开花后停止施肥。可将鸡蛋壳碾碎泡水，1 周浇花 1 次。

修剪

无需作修剪和打顶。

换盆

上盆后不用再换盆。上盆时可加入复合肥充当基肥，并及时浇透着根水。

Q：非洲菊和小雏菊有什么区别?

A：最明显的区别在于花的大小。非洲菊的花朵很大，一般直径在 10 厘米左右，而且非洲菊没有分支，一个枝只有一朵花。而小雏菊的花很小，很像小野花。

繁殖

主要用播种、分株、扦插繁殖。播种前施足腐熟的有机肥为基肥，用细沙混匀种子撒播，上覆盖细土厚 0.5 厘米左右，播种后遮阴并浇透水。分株繁殖可在 3 月中下旬，将老茬雏菊挖出，露出根茎部，将已有根系的侧芽连同老根切下，移植到盆中。雏菊在整个生长季节均可进行扦插繁殖，用新土混入经堆沤腐熟的有机肥，剪取有 3 ~ 5 个节位、长 8 ~ 10 厘米的枝条，摘除基部叶片，入土深度为插条长的 1/3~1/2。扦插后保持盆土湿润，忌涝渍，高温季节需遮阴。

越冬

雏菊耐寒力较差，最好搬至室内温暖处越冬。

病虫害

斑枯病可用 20％噻菌铜悬浮剂 500 倍液喷洒。菌核病可用 50% 硫菌灵可湿性粉剂 500 倍液喷洒。短额负蝗可用 50% 杀螟松乳油 1 000 倍液喷杀防治。

一品红

/ 圣诞里的别样红 /

驱妖除魔。

花言花语

别　　名：圣诞树、象牙红、老来娇、圣诞花、圣诞红、猩猩木

科　　属：大戟科大戟属

种养关键：北方盆栽要注意做好越冬管理

易活指数：

花　　期：

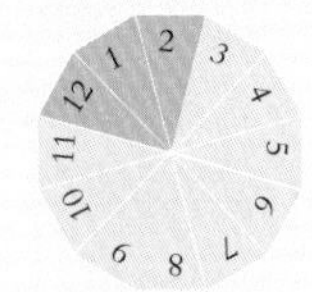

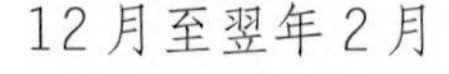

12月至翌年2月

适宜摆放地：阳台、客厅

土壤

以疏松肥沃、排水良好的沙质土壤为好。

温度

一品红喜温暖，生长适温为18～25℃，温度不低于10℃。

光照

一品红为短日照植物，喜阳光，在茎叶生长期需充足阳光，促使茎叶生长迅速繁茂。如每天光照9小时，5周后苞片即可转红。

水分、湿度

喜湿润，生长期只要水分供应充足，茎叶生长迅速，缺水或时干时湿则会引起叶黄脱落。要根据天气、盆土和植株生长情况灵活掌握，一般浇水以保持盆土湿润又不积水为度，但在开花后要减少浇水。

护花常识

施肥

要在上盆、换盆时，加入有机肥作基肥。在生长开花季节，每隔10 ~ 15天施1次稀释5倍充分腐熟的麻酱渣液肥。入秋后，还可施用0.3%的复合化肥，每周施1次，连续3 ~ 4次，以促进苞片变色及花芽分化。

修剪

花开败后，应将花头去掉，一般一枝上留2个芽，待芽长出后再根据株型选留4 ~ 6个饱满壮芽，将其余弱芽抹掉，使株型圆满、美观。

换盆

早春后剪去土上部分，换盆，盆内要施足基肥。

繁殖

扦插繁殖可在春季3 ~ 5月进行，剪取一年生木质化或半木质化枝条，长约10厘米，作插穗；剪除插穗上的叶片，切口蘸上草木灰，待晾干切口后插入细沙中，深度约5厘米，充分灌水，并保持温度在22 ~ 24℃，约1个月生根。也可用嫩枝扦插繁殖，选有6 ~ 8片叶的当年生嫩枝，取6 ~ 8厘米长、具3 ~ 4个节的一段嫩梢，在节下剪平，去除基部大叶后立即投入清水中，以阻止乳汁外流，然后扦插，并保持基质潮湿，约20天可以生根。

越冬

北方盆栽入室越冬，室温应不低于10℃即可安全过冬。

病虫害

茎腐病、灰霉病和叶斑病可定期喷施杀菌剂，在温室中做好通风换气、降低湿度等辅助工作来减少病原；及时清理病株，减少感染源。冬季可用硫黄熏蒸器或含硫的烟雾弹杀死空气中的真菌孢子。白粉虱可以用杀虫剂来喷施或灌根。在温室中摆放涂上机油的黄色粘虫板，可将其诱杀。

花友交流

Q：一品红不红了，长出的叶子是绿色的，如何才能使它长红叶子呢？

A：光照控制在每天12小时内，夜间避免灯光，温度控制在适宜温度内即可长红叶。

金鱼草

/ 形似金鱼也喜水 /

有金有余、繁荣昌盛、活泼。

花言花语

别　　名： 龙头花、狮子花、龙口花、洋彩雀

科　　属： 玄参科金鱼草属

种养关键： 夏季注意遮阴和保湿

易活指数：

花　　期： 一般适合在8月下旬或9月播种，在来年的4～5月开花。在早春冷床育苗或春夏播种时，可在6～7月或9～10月开花，但花期较短

适宜摆放地： 可用于盆栽、花坛、室内景观布置，也可放在窗台、客厅内向阳处

花友交流

Q：金鱼草如何采切？

A： 金鱼草切花不耐挤压，但采切过早花蕾又不易开放，因此必须在花序基部有2～3朵花开放、上部花蕾初绽时采切为宜。

养花心经

土壤

土壤宜用肥沃、疏松和排水良好的微酸性沙质壤土。

温度

较耐寒，不耐热。生长适温 9 月至翌年 3 月为 7 ~ 10℃，3 ~ 9 月为 13 ~ 16℃。其最低能忍受 –5℃的低温，但 –5℃以下则易冻死。

光照

喜阳光，也耐半阴。金鱼草为长日照植物，在冬季进行 4 小时补光，延长日照可以提早开花。

水分、湿度

浇水必须掌握“见干见湿”的原则，隔 2 天左右浇 1 次水，保持湿润。但盆土排水性要好，不能积水。

护花常识

施肥

金鱼草是一种喜肥的花卉，在栽植前应施入基肥。金鱼草具有根瘤菌，本身有固氮作用，一般不用施氮肥，适量增加磷、钾肥即可。在生长期内，结合浇水每半个月施 1 次发酵的油渣水，现蕾时用 1.2％磷酸二氢钾溶液喷洒更佳，施肥前松土除草。

修剪

金鱼草作露地观赏可适当摘心，促使侧枝萌发，增加观赏效果。为延长花期，花后要及时剪除残花，可使新花继续开放。如作切花栽培，则不能摘心，要及时去除侧芽，且随着花枝生长及时用细竹绑扎，使其挺直。

换盆

每年换 1 次花盆。

繁殖

金鱼草以播种繁殖为主，也可扦插。扦插繁殖时可在花败后，选择健壮的植株，剪去老枝，地上部保留 2 ~ 3 米主茎，剪后施以氮为主的复合肥，待发出芽后剪取扦插。

越冬

秋凉移入温室，秋冬两季白天温度保持 22℃，夜晚 10℃以上，12 月份也会开花。

病虫害

主要虫害有蚜虫、红蜘蛛、白粉虱、蓟马等。杀扑磷每周喷 1 次，连续 2 ~ 3 次，对介壳虫及蚜虫有特效。可用 40％三氯杀螨醇兑水 1 000 倍液喷杀红蜘蛛。

五色梅

/ 五颜六色的姐妹花 /

活泼开朗。

养花心经

土壤

五色梅适应性强，耐瘠薄，对土质要求不严，在疏松肥沃、排水良好的沙壤土中生长较好。

温度

五色梅性喜温暖、湿润，不耐寒，忌冰雪。冬季保持气温 10℃以上，则叶片不脱落。

光照

五色梅喜光，稍耐阴。若光照不足会造成植株徒长，茎枝又细又长，且开花稀少，严重影响观赏。

水分、湿度

五色梅需排水良好，尤其是盆栽不可积水。幼苗及生长旺盛期需水量较大，不可任其干旱，并注意向叶面喷水，以增加空气湿度。6 ~ 9 月每天下午浇 1 次透水。

花言花语

别　　名： 马缨丹、山大丹、大红绣球、珊瑚球、臭金凤、如意花、七变花、如意草、土红花、臭牡丹、杀虫花、毛神花、天兰草

科　　属： 马鞭草科马缨丹属

种养关键： 浇水时忌积水

易活指数：

花　　期：

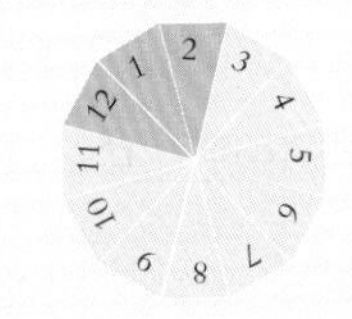

春节前后，开花可达 2 ~ 3 个月

适宜摆放地：

华南地区可将五色梅植于庭院中做花篱、花丛。制作好的盆景可置于门前、居室等处的向阳处

护花常识

施肥

盆栽五色梅在春季出室前应翻盆，宜施入充足的基肥。注意每15天左右施1次以磷钾为主的薄肥，以提供充足的养分，使植株多开花。

修剪

五色梅生长较快，应及时剪除影响造型的枝叶，以保持树形的美观，每次花后将过长的嫩枝剪短，花后不留籽的要摘去残花，以利于下面叶腋再抽出花序。秋末冬初入室前对植株进行1次重剪，把当年生枝条都适当剪短。每年春季翻盆时，要对植株再进行修剪整形，剪去枯枝、弱枝以及其他影响树形的枝条。

换盆

五色梅生长迅速、萌发力强，每年春季应换盆。

繁殖

五色梅可采用播种、扦插、压条等方法繁殖。种子忌失水，可于秋季随采随播。播后发芽阶段气温应保持在20℃以上。而扦插多于5月份进行，取一年生枝条做插穗，每2节成1段，保留上部叶片并剪掉一半，下部插入土壤，置于疏阴处养护并经常喷水。1个月左右即生根发芽。

越冬

冬季移到室内向阳处，华东地区可放置在冷室内越冬。若室内能维持15℃以上的温度，植株可正常生长、开花，应适当浇水、施肥和修剪。若保持不了这么高的温度，应节制浇水，停止施肥，使植株休眠，8℃以上即可安全越冬。

病虫害

主要有叶枯线虫病，盆栽用土要禁用病土和草多的土。药剂防治可用15%涕灭威颗粒剂每平方米盆土5～6克，或直径为25厘米左右的盆用药2～3克深埋土中，或使用3%的克百威每盆3～5克深埋土中，也可在危害期用50%杀螟松乳剂、或50%西维因可湿性粉1 000倍液叶面喷洒。

茉莉

/ 花开雪白茶飘清香 /

寓意

忠贞、尊敬、清纯、贞洁、质朴、玲珑、迷人。

花言花语

别　　名：	香魂、莫利花、没丽、抹厉、末莉、木梨花
科　　属：	木犀科素馨属
种养关键：	花谢后应及时把花枝剪去，减少养分消耗
易活指数：	
花　　期： 5～8月	**果　　期：** 7～9月
适宜摆放地：	客厅、卧室、办公室等

养花心经

土壤

茉莉的培养土以富含有机质，具有良好的透水和通气性能为宜，一般可以用田园土4份、堆肥4份、河沙或谷糠灰2份作培养土。

温度

喜温暖湿润，生长的最适温度为15～25℃，气温低于3℃会发生冻害而死亡。

光照

喜欢光线较强的环境，但是要避免阳光直射。

水分、湿度

其在盛夏要每天早、晚各浇水1次，如果空气干燥，还需补充喷水；冬季休眠期要控制浇水量，盆土如果过湿，会引起烂根或落叶。

护花常识

施肥

开花期要勤施含磷较多的液肥，每 2 ~ 3 天施 1 次，肥料可以用腐熟的豆饼和鱼腥水肥液，也可用 0.1% 的磷酸二氢钾水溶液，在傍晚向叶面喷洒，可促其多开花。

修剪

为了使盆栽的茉莉株型更加丰满和美观，花谢后应该尽快剪去残败的花枝，以促使基部萌发新技，同时也要控制好植株的高度。

换盆

每年春季换盆换土 1 次。在换盆时，需要将茉莉根系周围的旧土和残根去掉，然后换上新的培养土，浇 1 次透水。

健康链接

茉莉花茶：取茉莉花、青花各 3 克，荷叶 10 克（切丝），以适量的沸水浸泡，时时饮服。

茉莉花茶可以提神，有清肝明目、生津止渴、通便利水、祛风解表、降血压、强心抗癌、抗衰老之功效，也可改善昏睡及焦虑现象，使人延年益寿、身心健康。

繁殖

主要用扦插、压条和分株繁殖。扦插繁殖一般在 4 ~ 10 月进行，选取成熟的一年生枝条，剪成带有 2 个节以上的插穗，去除下部的叶片，插在泥沙各半的插床上，在其上覆盖塑料薄膜，保持较高的空气湿度，经 40 ~ 60 天可生根。压条繁殖可选用较长的枝条，在其节下部用小刀刻伤，埋入盛沙泥的小盆，经常保湿，20 ~ 30 天开始生根，2 个月以后即可与母株割离并移栽。

越冬

当气温低于 3℃时，植株会遭到冻害，如果持续时间长就会死亡，所以冬季应该保证其生长温度大于 3℃。此外冬季还要严格控制浇水量，如果盆土湿度过大，对越冬也会造成影响。为了利于其越冬，从 9 月上旬应该停止施肥，这样能够提高枝条的成熟度，使其安全越冬。

病虫害

主要虫害有卷叶蛾和红蜘蛛，防治时尽量不要用敌敌畏和乐果，这两种农药的气味太大，效果也不是太好，可以用三氯杀螨醇 1 ∶ 500 喷洒。

栀子花

/ 花香四溢可入药 /

坚强，约定，永恒的爱，一生守候和喜悦。

花言花语

别　　名： 栀子、黄栀子

科　　属： 茜草科栀子属

种养关键： 春季不可短截枝顶，否则当年不会开花

易活指数：

花　　期：

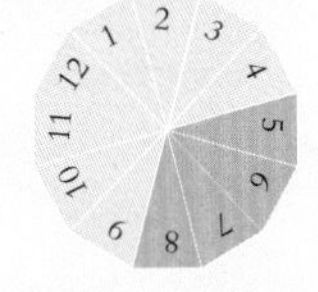

5～8月

果　　期： 10月

适宜摆放地： 阳台、客厅、卧室等

养花心经

土壤

适宜用含腐殖质丰富、肥沃的酸性土壤栽培，一般可以用腐叶土 3 份、沙土 2 份、园土 5 份混合配制而成。

温度

生长期适温为 18 ～ 22℃，越冬期可在 5 ～ 10℃良好生长，低于 –10℃则容易出现冻害。

光照

栀子花属于半阴性植物，但是经常有人会误认为其是全阴性植物，所以在保证有阴凉环境的同时，还要保持全日 60% 的光照，以满足其生长的能量需求。

水分、湿度

栀子花在幼苗期要注意浇水，使盆土保持湿润。浇水宜用雨水或者经过发酵的淘米水。

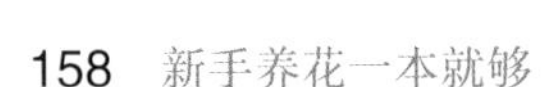

护花常识

施肥

生长期每7～10天浇1次含0.2%硫酸亚铁水或者施1次矾肥水，也可以两者相间进行，这样既能够防止土壤碱性化，还可以补充土壤中的铁质，从而防止叶片发黄，并能使叶片油绿光亮，花朵肥大。

修剪

花谢后要及时截短枝条，促使其在剪口下萌发新枝。新枝长出3节后要进行摘心，以免其盲目生长。一般每年春季要对植株修剪1次，剪去过长的徒长枝、弱枝和乱枝，以保持株型的优美，并促发新枝，使其多开花。

换盆

要根据其生长状况适时换盆、换土，幼苗用小盆栽，逐渐换入大盆。当冠幅为盆口径的2～3倍时，就该换盆了，其换盆的时机为整个生长季节。换盆时要将原株连土坨栽入新盆，口径要比原盆大5厘米左右为宜。换盆后要及时浇透水，放在温暖半阴处，有新芽萌动时再放阳光下养护。

繁殖

栀子花一般采用扦插法和压条法进行繁殖。扦插法的插穗要选用生长健康的2～3年生枝条，截取10～12厘米，剪去其下部的叶片，顶上两片叶子可保留并各剪去一半，先将其在维生素B_{12}溶液中蘸一下，再斜插于准备好的培养土中，注意遮阴并保持一定的湿度。

越冬

栀子花在冬季要放在室内有阳光处，并停止施肥，使室内温度维持在5℃以上，但是它也能耐短期0℃的低温。

病虫害

栀子花叶子容易发生黄化病和叶斑病，可以用65%代森锌可湿性粉剂600倍液喷洒防治。虫害有刺蛾、介壳虫和粉虱，可用2.5%溴氰菊酯乳油3 000倍液喷杀刺蛾，用40%氧乐果乳油1 500倍液喷杀介壳虫和粉虱。

红掌

/ 热情似火展风姿 /

大展宏图、热情、热血。

花言花语

别　　名：火鹤花、红苞芋、安祖花、红鹅掌、鹅掌红

科　　属：天南星科花烛属

种养关键：宜放在有散射光处

易活指数：

适宜摆放地：红掌有毒，不和它亲密接触一般就没有问题，所以它是可以养在家里，但是最好放在室外

养花心经

土壤

土壤 pH 值在 5.2 ~ 6.1 之间最适宜红掌生长。天然雨水是红掌栽培最好的水源。盆栽红掌在不同生长发育阶段对水分的要求不同。

光照

宜在半阴环境下栽培，但冬季需要充足阳光。

温度

其适宜生长在昼温为 26 ~ 32℃，夜温为 21 ~ 32℃的环境中。所能忍受的最高温为 35℃，可忍受的最低温为 14℃。

水分、湿度

喜温润，故每天需向叶面喷雾，保持湿度，有利于叶片生长。

护花常识

施肥

夏季可两天浇肥水 1 次，气温高时可多浇 1 次水；秋季一般 5 ~ 7 天浇肥水 1 次。

修剪

一般情况下，红掌生长过程中，基部叶柄逐步退化，托叶变干时要及时剪除。花后花梗发黄时，亦须尽快从基部留 2 厘米的保护桩处剪除。

换盆

一般每隔 1 ~ 2 年于早春 3 ~ 4 月进行换盆。换盆时基质要疏松，可用泥炭土、椰糠和珍珠岩按 3 ∶ 2 ∶ 1 的比例配成混合土使用。

繁殖

繁殖红掌以分株为主，多结合早春换盆进行。春季选择 3 片叶以上的子株，从母株上连茎带根切割下来，用水苔包扎移栽于盆内，经 3 ~ 4 周发根成活后重新栽植。对直立性有茎的红掌品种采用扦插繁殖，插于水苔中，待生根后定植盆内。

越冬

在冬季应放在房间的阳面，不要再进行保湿，因为在夜间植株叶片过湿反而会降低其御寒能力，容易发生冻伤，不利于安全越冬。在寒冷的冬季，当室内昼夜气温低于 13℃时，要用加温机进行加温保暖，防止冻害发生，使植株安全越冬。

白鹤芋

/ 清白之花 /

事业有成、一帆风顺。

花言花语

别　　名： 白掌、包叶芋、和平芋、一帆风顺

科　　属： 天南星科苞叶芋属

种养关键： 注意越冬管理，盆土不可过湿

易活指数：

花　　期： 3 ~ 4月

果　　期： 5 ~ 6月

适宜摆放地： 客厅、书房等

养花心经

土壤

喜疏松、排水良好、富含腐殖质的土壤，可用腐叶土、园土、泥炭土、粗沙或砻糠灰配制而成。

温度

生长适温为 22 ~ 28℃，不耐寒，低温时植株生长受阻，并造成叶片边缘与叶尖褐化，严重时会出现叶片焦黄枯萎。

光照

光照过强叶片颜色会变得暗淡而失去光泽，还会引起叶尖及叶缘枯焦。光线太暗时，植株生长瘦弱，叶片下垂，叶色变淡，且不易开花。

水分、湿度

对水分的需求量大，且对缺水反应敏感，稍微缺水，叶片就会萎蔫。如短期缺水，灌水后易恢复，但严重缺水时会造成脱水焦叶，且不易恢复。

护花常识

施肥

其植株生长十分迅速、分蘖量大，因此需要较多的养分才能够生长良好。生长期每1～2周要追施1次氮磷钾结合的肥料，以促使植株生长，使其叶片挺拔、叶色加深，保持最佳观赏状态。

修剪

在生长过程中出现的枯叶、黄叶要及时清除，以防由此而引起病虫害等。

换盆

白鹤芋生长非常快，需要每1～2年换盆1次，一般于春季萌芽前进行。盆土要求疏松且排水良好，不宜用黏重的土壤栽种。

繁殖

一般用分株、播种和组织培养法繁殖。分株可在春季换盆时进行，由于萌蘖多，繁殖较快。也宜采用播种法繁殖，发芽容易，但是种子在北方不易成熟，取得种子困难。组培法繁殖增殖很快，且株丛整齐，是当前常用的繁殖方法。

越冬

冬季应控制浇水和施肥，室温应保持14℃以上，长期低温和盆土潮湿容易引起根部腐烂、叶片枯黄。当温度过低时应该采取人工加温方法使其保持正常生长温度。

病虫害

白鹤芋抗病虫害能力比较强，但是在通风不良时，偶然可见蚜虫和绿蟒象为害心叶，通过加强通风能够防止，盆栽以叶片相接为宜。如果发现虫情，可以人工抹除或者用杀虫剂杀灭。常见细菌性叶斑病、褐斑病和炭疽病危害叶片，可用50%多菌灵可湿性粉剂500倍液喷杀。

健康链接

白鹤芋是抑制氨气和丙酮的“专家”，同时它也可以过滤空气中的苯、三氯乙烯和甲醛。它的高蒸发速度可以防止鼻黏膜干燥，使患病的可能性大大降低。

仙客来

/ 仙客翩翩而至 /

美丽、嫉妒。

花言花语

别　　名： 萝卜海棠、兔耳花、兔子花、一品冠、篝火花、翻瓣莲、仙鹤来

科　　属： 报春花科仙客来属

种养关键： 注意温度，不可过高或过低

易活指数：

花　　期：

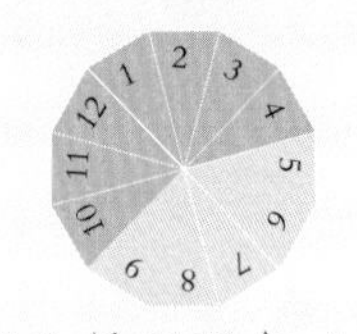

10月至翌年4月

适宜摆放地：

适宜点缀于有阳光的几架、书桌上。夏季宜将其放在朝北的阳台

养花心经

土壤

仙客来喜疏松肥沃、富含腐殖质、排水良好的微酸性沙壤土。

温度

喜凉爽，不耐高温。其适宜生长在白天20℃左右、晚上10℃左右的环境条件下，幼苗期温度可稍低一些。

光照

喜欢阳光充足的环境，但光照宜弱不宜强。夏季的时候尽量将其放在有散射光照射之地，必要的时候要对其遮阴，以免被炽热的阳光晒伤。

水分、湿度

喜湿润，但浇水宜湿不宜涝，每天适量浇1次水，根部不要积水。

护花常识

施肥

施肥宜薄不宜浓。仙客来是比较喜肥的植物，但它喜的是薄肥，特别是在生长期，要每10天施1次薄肥，花期时少施或不施氮肥。施肥时要特别小心，不要将肥水直接浇在花叶上，不然很容易被腐蚀。可在每年春季和秋季追施0.2%的磷酸二氢钾各1次，切忌施用高氮肥料，施肥可使仙客来提前开花15～20天。

修剪

平时注意摘除残花，以利于下面叶腋再抽出花序，保持美观。也可将密集的叶片向周围拉开，必要时摘掉植株中心过多的叶片，使其刚刚萌发的花芽充分接受光照。

健康链接

仙客来对空气中的有毒气体二氧化硫有较强的抵抗能力。它的叶片能吸收二氧化硫，并经过氧化作用将其转化为无毒或低毒的硫酸盐等物质。

换盆

仙客来每年换2次盆，使用透气性好的素烧泥盆。第1次换盆宜选择口径为13～16厘米的花盆，换盆时间在清明到谷雨之间。第2次宜选择口径为18～22厘米的花盆，换盆时间为立秋后至霜降前。此时换盆，不仅及时增加了基质中的营养供给面积，还增加了每次浇水的储水量，为快速生长的植株提供了充足的水肥资源。

繁殖

一般用播种繁殖，一年中任何季节都可以播种。

越冬

冬季时移至温室内，室内的温度最好保持在10～20℃之间，低于5℃，生长受到抑制，叶片卷曲，花朵也开放不佳，颜色暗淡。冬季也不可置于暖气、空调所能直接接触的位置，防止因风干而萎蔫干枯。

病虫害

7月至9月上旬这个时期是仙客来虫害发生最厉害的时期，一定要注意及时防治。主要的虫害有螨类、蓟马、蚜虫等，可用40%氧乐果乳油1 000倍液喷杀。

风信子

/ 举世驰名的香花 /

寓意

喜悦、竞赛、悲哀、悲伤的爱情、永远的怀念。

花言花语

别　　名： 洋水仙、西洋水仙、五色水仙、时样锦

科　　属： 风信子科风信子属

种养关键： 注意温度，不可过高或过低

易活指数：

花　　期： 3～4月

适宜摆放地： 风信子可置于室外阳光处，也可陈设于桌旁、案几

养花心经

土壤

风信子喜肥，要求肥沃、排水良好的沙壤土，忌过湿或黏重的土壤。

温度

喜冬季温暖湿润、夏季凉爽稍干燥，怕炎热。温度过高，甚至高于35℃时，会出现花芽分化受抑制，盲花率增高的现象；温度过低，又会使花芽受到冻害。现蕾开花期以15～18℃最有利。可耐受短时霜冻。

光照

风信子喜欢阳光充足或半阴的环境，但光照不宜过强。而光照过弱时，会导致植株瘦弱、茎过长、花苞小、花早谢、叶发黄等，可用白炽灯在1米左右处补光；光照过强也会引起叶片和花瓣灼伤或花期缩短。

水分、湿度

盆土莫积水，以防烂根。土壤湿度过高会使根系呼吸受抑制易腐烂，湿度过低则地上部分萎蔫，甚至死亡。

护花常识

施肥

风信子种植前可在花盆底撒点氮、磷肥。盆栽风信子叶片生长期也可施肥 1 ~ 2 次，开花前、后各施肥 1 次。

修剪

风信子在开花前一般不作其他管理，花后如不收种子，应将花茎剪去，以促进球根发育。剪除位置应尽量在花茎的最上部。

换盆

一年宜换 2 次花盆，盆栽选用 12 ~ 15 厘米盆。

Q：如何确定风信子花期？

A：风信子花的开花期，从第一朵花开开始算起，一般为 2 个星期左右，在 3 ~ 6 月之间开花。它的生长周期是夏季休眠、秋冬生根、早春萌芽、3 月开花、6 月上旬植株枯萎。

繁殖

风信子以分球繁殖为主，育种时用播种繁殖，也可用鳞茎繁殖。母球栽植 1 年后分生 1 ~ 2 个子球，可用于分球繁殖，子球繁殖需 3 年开花。播种繁殖多在培育新品种时使用，于秋季播入培养土内，覆土 1 厘米，翌年 1 月底 2 月初萌发。实生苗培养的小鳞茎 4 ~ 5 年后开花。

越冬

入冬时应将风信子移至温室内向阳之地，使处于室温 15 ~ 18℃之下，尽量维持恒定的温室温度，则生长加速。若提供额外的光照和长一些的光照时间能使风信子叶和花的颜色较快呈现出来，更能加快叶的生长，并有助于保鲜期。

病虫害

茎线虫病危害地上部。蓟马害虫吸食幼嫩的植物组织，这些被危害的地方变褐而死去，花序干枯死亡，枯死的部分又成为寄生虫的食物来源。所以要经常使用新的土壤作为盆土，被侵染的土壤在使用前用常规方法处理。

大丽花

/ 大方富丽之花 /

大方、富丽。

花言花语

别　　名：	大丽菊、天竺牡丹、地瓜花、大理花、西番莲、东洋菊、苕花、洋菊
科　　属：	菊科大丽花属
种养关键：	摘心时要注意多保留侧枝
易活指数：	
花　　期：	大丽花从秋到春，连续开花，每朵花可延续1个月，花期持续半年。在我国南方5～11月开放

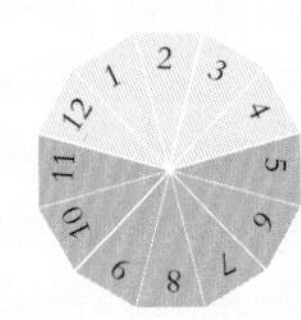

适宜摆放地：大丽花适宜栽于花坛、庭前等阳光充足的地方，以南向、西向阳台为好，忌置室内和晒不着太阳的荫蔽处

养花心经

土壤

大丽花适生于疏松肥沃、富含腐殖质和排水性良好的沙壤土中。

温度

大丽花喜凉爽、怕炎热。其在10～32℃之间都能适应，以15～25℃最适宜，32℃以上生长停滞。它怕炎夏烈日直晒，特别是雨后出晴的暴晒，应稍加遮阴。

光照

大丽花性喜阳光，怕荫蔽。每日光照要求在6小时以上。若长期放置在荫蔽处则生长不良，根系衰弱，叶薄茎细，花小色淡，甚至不能开花。

水分、湿度

大丽花喜湿润，怕渍水、干旱。浇水要掌握“干透浇透”的原则，因为大丽花系肉质块根，浇水过多根部易腐烂。一般生长前期的幼苗阶段需水分有限，晴天可每日浇1次，保持土壤稍湿润为度。生长后期枝叶茂盛，消耗水分较多，所以注意中午或傍晚容易缺水，应适当增加浇水量。

护花常识

施肥

大丽花喜肥沃。从幼苗开始一般每 10 ~ 15 天追施 1 次稀薄液肥，现蕾后每 7 ~ 10 天施肥 1 次。施肥的浓度要求一次比一次加大，这样能使茎秆粗壮。到花蕾透色时即停浇肥水。气温高时也不宜施肥。

修剪

一般大型品种采用独本整形。独本整形即保留顶芽，除去全部腋芽，使营养集中，形成植株低矮、大花型的独本大丽花。

换盆

换盆宜用通透性较好、盆径 30 ~ 50 厘米的土陶盆或紫砂盆，同时把盆底的排水孔尽量凿大，下面垫上一层碎瓦片作排水层。培养土必须含有一半的沙土。

花友交流

Q：大丽花只长叶不开花怎么办？

A：加强光照，加强施肥，加强防冻。

繁殖

大丽花繁殖播种、扦插和分根都可。播种繁殖仅限于花坛品种和育种时应用。夏季多因湿热而结实不良，故种子多采自秋凉后成熟者。扦插繁殖是大丽花的主要繁殖方法，繁殖系数大，一般于早春进行，夏秋亦可，以 3 ~ 4 月在室内温暖处扦插成活率最高，扦插土壤以沙质壤土加少量腐叶土或泥炭土为宜。分根法简便，成活率高，但繁殖株数有限。

越冬

大丽花不耐寒，长江以南可在室外越冬，长江以北宜移入 1~10℃的低温室内越冬。11 月间，当枝叶枯萎后，要将地上部分剪除，搬进室内，原盆保存。

病虫害

虫害有螟蛾、红蜘蛛、大丽花棉叶蝉。螟蛾一般发生在 6 ~ 9 月，可每 20 天左右喷 1 次 90% 的敌百虫原药 800 倍液，杀灭初孵幼虫。大丽花棉叶蝉，可结合修剪，剪除被害枝叶并处理，以减少虫源，或者在成虫为害期，利用灯光诱杀成虫。

君子兰

/ 花中君子 /

喜庆吉祥、高雅尊贵。

花言花语

别　　名：大花君子兰、大叶石蒜、剑叶石蒜、达木兰

科　　属：石蒜科君子兰属

种养关键：避免酷热和阳光直射

易活指数：

花　　期：

一般在 2 ~ 4 月，也可全年开花

果　　期：

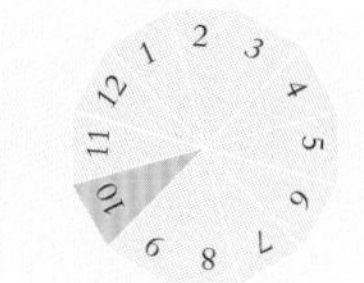

10 月左右

适宜摆放地：君子兰宜盆栽在室内摆设，可放置于客厅、书房之内的书案、茶几之上，在窗台、阳台之前

养花心经

土壤

君子兰喜深厚肥沃、疏松、排水良好、微酸性有机质的土壤。

温度

它既怕炎热又不耐寒，生长的最佳温度在 18 ~ 22℃之间。5℃以下、30℃以上，生长受抑制。气温 25 ~ 30℃时，叶片易徒长，叶片狭长而影响观赏效果，故栽培君子兰一定要注意调节室温。

光照

君子兰喜欢半阴而湿润的环境，畏强烈的直射阳光。

水分、湿度

君子兰比较耐旱，但不可严重缺水，尤其在夏季高温加上空气干燥的天气，否则，根、叶都会受到损伤，不仅影响开花，甚至会引起植株死亡。但浇水过多又会烂根。所以需经常注意盆土干湿情况，出现半干就要浇 1 次水，浇的量不宜多，保持盆土润而不潮。高温天气盆土宜偏干，并多在叶面喷水，达到降温目的。

护花常识

施肥

施底肥应在每 2 年 1 次的换盆时进行。追肥可施用饼肥、骨粉等肥料。施肥应扒开盆土施入 2 ~ 3 厘米深的土中，但施入的肥料不要太靠近根系，以免烧伤根系。根外施肥可在生长季节每 4 ~ 6 天喷 1 次，半休眠时每 2 星期喷 1 次，一般在日出后喷施，开花后宜停施。

修剪

应该及时剪除枯黄叶片，避免消耗过多的养分，修剪后注意切勿淋雨或喷水，防止烂叶。在修剪后隔一天于叶面喷施杀菌剂进行消毒。修剪时尽量把叶端剪成与好叶相同，不可剪成直平头，要以叶端有尖状为宜。

健康链接

君子兰具有吸收二氧化碳和放出氧气的功能，并兼有吸收尘埃的功能，被人们誉为理想的“吸收机”和“除尘器”，具有很高的生态价值。君子兰可放置于门前、书房、饭桌上，以显示主人具有君子兰一样的品格。

换盆

换盆可在春、秋两季进行。君子兰根系粗大，栽培时用盆随植株生长而逐渐加大。栽培一年生苗时，适用 3 寸（10 厘米）盆。第二年换 5 寸（约 16.7 厘米）盆，以后每过 1 ~ 2 年换入大一号的花盆。

繁殖

君子兰通常只用两种方法繁殖。一种是播种繁殖法，另一种是分株繁殖法。大花君子兰用播种繁殖比较普遍，优点是可以大量繁殖，以满足众多养花者的需要。

越冬

冬季应做好君子兰的保暖工作，以防冻害。花茎抽出后，室内周围温度维持在 18℃左右为宜。

病虫害

常见的虫害是介壳虫，如只有 1 ~ 2 片叶梢发现虫害，可用人工刮除，用细木条削尖或用竹签将虫体剔去。若出现大量若虫，可用 25% 亚胺硫磷乳剂 1 000 倍液喷杀，一般喷洒 1 ~ 2 次即可。

水仙

/ 清秀文雅的水中仙子 /

寓意

自恋、诚实敬意、请不要忘记我、生日花。

花言花语

别　　名： 凌波仙子、金盏银台、落神香妃、玉玲珑、金银台、姚女花、天葱、雅蒜

科　　属： 石蒜科水仙属

种养关键： 水养期间，要给予充足的光照

易活指数：

花　　期： 1 ~ 3月

适宜摆放地： 客厅、书房、卧室等

养花心经

土壤

喜疏松肥沃、土壤深厚的冲积沙土壤，其最适的 pH 为 5 ~ 7.5。

温度

水仙性喜温暖、湿润，适宜温度为 10 ~ 15℃。冬季如果室内不能保持适宜温度，水仙可能不会开花。

光照

喜欢阳光、温暖，需要放在阳光充足的地方，每天的光照时间应该在 6 个小时以上。

水分、湿度

水仙水培不需要任何的花肥，用清水即可。刚上盆时，每天换 1 次晒过的水，开花前可改为 2 ~ 3 天换 1 次水。

护花常识

施肥

水仙一般不需要施肥，如果有条件的话，可以在其开花期间稍施一点速效磷肥，这样能够使花开得更好。

修剪

水仙主要以叶片为主，在生长过程中不需要为其修剪。

换盆

水仙在其生长过程中一般不要换盆，换盆的话会伤到根系，可能会因为换盆而使水仙死亡。

健康链接

放在厨房，水仙可以吸油烟。但水仙花有微毒，就在其鳞茎内。其鳞茎内含有拉丁可毒素，误食后会引起呕吐、肠炎。也要特别当心不要把其汁涂弄到眼睛里去。不要长期与之接触，短期的接触只要不食用毒害不大。

繁殖

分球繁殖是水仙最常用的繁殖方法。秋季将子球与母球分离，单独种植，次年即可产生新球。也可用侧芽繁殖，侧芽是包在鳞茎球内部的芽，只在进行球根阉割时，才随挖出的碎鳞片一起脱离母体，拣出白芽，秋季撒播在苗床上，来年就会产生新球。

越冬

水仙自身有一定的抗寒能力，但是在低温下生长缓慢，花期也会相应延迟，白天要把水仙放置在阳光处，直到开花，晚上水仙不要放在室外。可以在水中放一些温水，使水温提高到 12 ~ 15℃。

病虫害

褐斑病主要危害水仙的叶和茎，在发病初期，可用 75% 百菌清可湿性粉剂 600 ~ 700 倍溶液，每 5 ~ 7 天喷洒 1 次，连喷数次可控制病害发展。枯叶病多发生在水仙叶上，初发时为褪绿色黄斑，然后呈扇面形扩展，周边有黄绿色晕圈，后期叶片干枯并出现黑色颗粒状物。发病初期，可用 50% 代森锌 1 500 倍溶液喷洒；如在养护过程中发现植株染病严重，应立即将病株剔除并销毁。

马蹄莲

/ 宛如马蹄的纯洁之花 /

博爱、圣洁虔诚、优雅高贵、希望、纯净无瑕的友爱。

花言花语

别　　名：慈姑花、水芋马、观音莲

科　　属：天南星科马蹄莲属

种养关键：施液肥时注意不要将肥水浇入叶柄内，否则容易叶黄或腐烂

易活指数：

花　　期：

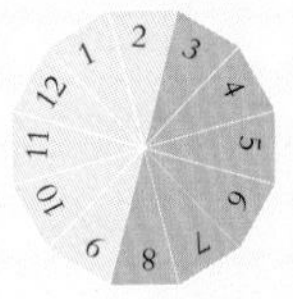

3～8月

适宜摆放地：

马蹄莲宜置于室内装饰，适合放在桌子、茶几、角柜上，作为家具的点缀

花友交流

Q：马蹄莲如何水培？

A： 水培马蹄莲，不宜选用过大植株，要把根系冲洗干净，修去腐烂根及过长的根系。水培初期，要每天换1次水，待新根长出后，即可适当延长换水天数，每隔20天在水中加入几滴营养液，就可使植株生长健壮。

养花心经

土壤

马蹄莲宜生长于疏松肥沃、腐殖质丰富的黏壤土中。

温度

马蹄莲性喜温暖气候，不耐寒，不耐高温，生长适温为20℃左右，0℃时根茎就会受冻死亡。

光照

喜长光而不喜强光，尤其是夏季最忌烈日直射。

水分、湿度

喜潮湿，稍有积水也不太影响生长，有“浇不死的马蹄莲”之说。但不耐干旱，在生长期、开花期应充分浇水，花后应减少浇水量，以利休眠。

护花常识

施肥

平时要注意施基肥（马蹄片最好）。遵循薄肥勤施的原则，每半个月追施液肥1次，施肥后要立即用清水冲洗，还要不断补充盆土养分。开花前宜施以磷肥为主的肥料。

修剪

马蹄莲要勤修剪，勤将老叶剪除可以促使其多次开花。养护期间为避免叶多影响采光，可去除外部的一些发黄老叶，这样也利于花梗伸出。

换盆

应该在秋末或者初春，花处在休眠期时进行换盆。宜选用浅盆，不要用筒子盆。在换盆后要给花卉提供一个低温并且遮光的环境，让它有个缓苗期。一般缓苗期要7～14天。

繁殖

马蹄莲以分球繁殖为主。植株进入休眠期后，剥下块茎四周的小球另行栽植。也可进行播种繁殖，种子成熟后即行盆播，发芽适温20℃左右。

越冬

在我国长江流域及北方种植，霜前宜移入室内，也可放置于朝南向阳的窗台上。白天的室温要保持在10℃以上，夜间则不能低于5℃，否则可能会造成植株枯萎休眠，若降到0℃，块茎会被冻伤甚至死亡。

病虫害

虫害主要是红蜘蛛、蚜虫。红蜘蛛可用三硫磷3 000倍液防治。蚜虫可用40%氧乐果乳剂1 500～2 000倍液防治，同时注意改善通风条件。

朱顶红

/ 艳丽的君子红 /

渴望被爱、追求爱，其象征爱情的忠贞不屈与浪漫。

花言花语

别　　名： 孤挺花、朱顶兰、百支莲、喇叭花

科　　属： 石蒜科孤挺花属

种养关键： 为使生长旺盛，及早开花，应做好病虫害防治

易活指数：

花　　期：

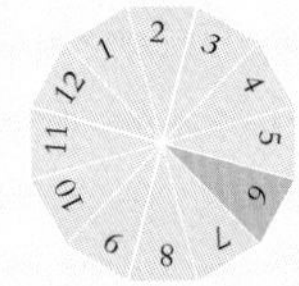

若4月上盆，6月可开花

若9月上盆，翌年2～4月可开花

适宜摆放地： 可盆栽放于室内、窗前装饰

养花心经

土壤

适宜生长在富含腐殖质、排水良好的沙壤土中，忌黏重土壤。

温度

喜温暖湿润气候，不喜高温，也不耐寒，生长适温为18～25℃。冬季休眠期要求冷凉的气候，以10～12℃为宜，不得低于5℃。

光照

可以适量的阳光直射，但不宜过于强烈。可将盆栽植株置于半阴处，避免阳光直射。

水分、湿度

平时浇水要透彻，保持植株湿润，但忌水分过多、排水不良。秋后浇水要逐渐减少，盆土以稍干燥为好。

护花常识

施肥

朱顶红喜肥，施肥原则是薄施勤施。在换盆、换土、种植时都要施底肥。生长期间随着叶片的生长每半个月施肥 1 次，花期停止施肥，花后继续施肥，以磷、钾肥为主，减少氮肥，在秋末可停止施肥。盆栽可加一些过磷酸钙作基肥。

修剪

朱顶红生长快，叶长又密，所以应在换盆、换土的同时把败叶、枯根、病虫害根叶剪去，留下旺盛叶片。如果要保留种球，则花后及时剪除花茎，以免消耗鳞茎养分。

换盆

朱顶红生长快，每年换 1 次盆，盆栽花盆不宜过大，一般先用 16 ~ 20 厘米口径的花盆，以免盆土久湿不干，造成鳞茎腐烂。

花友交流

Q：朱顶红盆栽应选择什么样的植株？

A：盆栽时应选择生长 3 年且能开花的大植株。

繁殖

繁殖采用播种繁殖法或分株繁殖法。种子成熟后即可播种，在 18 ~ 20℃情况下发芽较快。幼苗移栽时，注意防止伤根，播种留经 2 次移植后，便可种入小盆。也可用分离小鳞茎的方法繁殖，分割鳞茎法繁殖一般于 7 ~ 8 月份进行。将着生在母球周围的小鳞茎分离，进行培养，第二年就可开花。

越冬

朱顶红冬季处于休眠状态，要求盆土干燥，温度 9 ~ 12℃，最低不能低于 5℃。长江流域以南地区，只要稍加防护便可过冬。

病虫害

虫害有红蜘蛛，可用 40% 三氯杀螨醇乳油 1 000 倍液喷杀。其他病虫害防治，可每月喷洒花药 1 次，喷花药要在晴天上午 9 时和下午 4 时左右进行，中午烈日不宜喷洒，防止药害。

倒挂金钟

/ 倒挂枝头的小灯笼 /

声誉。

花言花语

别　　名：	灯笼花、吊钟海棠、铃儿花
科　　属：	柳叶菜科倒挂金钟属
种养关键：	春季发芽后注意加强水肥管理
易活指数：	
花　　期： 3 ~ 5月	果　　期： 5 ~ 7月
适宜摆放地：	客厅

养花心经

土壤

基质宜用肥沃、疏松、排水良好的微酸性培养土，一般可用腐叶土、沙质壤土、腐熟的有机肥料和磷肥均匀混和。

温度

生长适温为 15 ~ 25℃，夏季怕炎热高温，气温超过 30℃就会进入半休眠状态，冬季不得低于 5℃。

光照

倒挂金钟虽然喜阴，但也需要充足的阳光，除了夏季需要遮阴以外，其他季节还是要适当接受一些温暖和煦的阳光照射。

水分、湿度

倒挂金钟喜欢湿润，可在花盆附近喷水，但不能叶面喷水。浇水要见干即浇，浇则浇透，切忌积水。

护花常识

施肥

因倒挂金钟生长快，开花次数多，故在生长期间要掌握薄肥勤施，约每隔10天施1次稀薄饼肥或复合肥料，开花期间也应每月施1次以磷、钾为主的液肥，但高温季节停止施肥。施肥前盆土要偏干，施肥后用细喷头喷水1次，以免叶片沾上肥水而腐烂。

修剪

宜在冬季摘心，剪去顶部5～6厘米的嫩梢，促其多分枝。夏季休眠期短截细弱弯垂的徒长枝，使秋季开花繁茂。新栽培的幼株，在长至20～30厘米时，需要去顶定干。入室前进行1次全株修剪整形，剪去枯枝、弱枝、内向枝、过密枝，短截徒长枝。

健康链接

倒挂金钟除了具有很高的观赏性，它的花也是一味叫做“莸”的中药材，内服可治月经不调、经闭症瘕，外用则具有行血去淤、凉血祛风之功效，主要用于风湿或跌打损伤引起的疼痛及红肿。外用时把其花捣碎敷在需要治疗的部位即可。

换盆

每年春季进行1次换盆。

繁殖

以扦插繁殖为主，也可播种繁殖。扦插繁殖除夏季外，全年均可进行，剪取长5～8厘米、生长充实的顶梢作插穗，扦插适温为15～20℃，嫩枝插后2周便生根，生根后要及时上盆。春天扦插生根最快。播种繁殖于春、秋季在温室盆播，约15天发芽，翌年开花。

越冬

冬季要求温暖湿润、阳光充足、空气流通。冬季温室最低应保持在10℃，在5℃的低温下易受冻害。植株宜在霜降前入室，清明过后出室。

病虫害

主要有白粉病和白粉虱。白粉病发病后及时喷施70%硫菌灵800倍液或三唑酮2500倍液或其他适宜的药剂，每隔10天喷1次，连续喷2～3次。发现白粉虱后及时喷施40%氧乐果1 000倍液或20%氰戊菊酯2 000倍液，每隔7天喷1次，连续喷3～4次。喷药时需注意叶片的正反两面都要喷到。

玫瑰

/ 香甜的情人花 /

爱情、爱与美、容光焕发。

花言花语

别　　名： 刺玫花、徘徊花、刺客、穿心玫瑰

科　　属： 蔷薇科蔷薇属

种养关键： 注意病虫害防治，及时清除杂草

易活指数：

花　　期： 5～6月

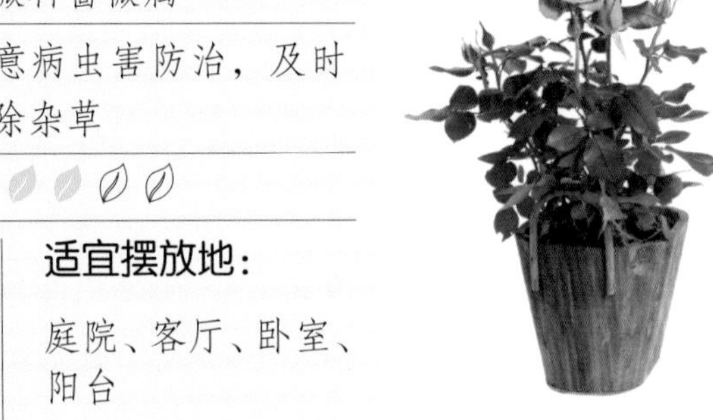

适宜摆放地： 庭院、客厅、卧室、阳台

养花心经

土壤

玫瑰适宜生长于排水良好、疏松、较肥沃的沙质土壤或轻壤土，而在黏壤土中生长不良，开花不佳。

温度

玫瑰喜欢温暖、光照充足的生长环境，不耐高温，温度太高较不适合玫瑰的生长，适宜生长温度为12 ~ 28℃，但可耐 –20℃的低温。

光照

喜阳光，适宜在阳光充足的环境中生长，每天要接受4小时以上的直射阳光，才能长出品质佳的花朵，且不能在室内光线不足的地方长期摆放。

水分、湿度

玫瑰相对比较耐旱，处于冬眠期的玫瑰需水量较少。春季开始的生长期内要充分地浇水，且遵循“见干即浇，不干不浇”的原则，一旦泥土表面变得干燥，就应该充分浇水，避免积水。

护花常识

施肥

在整个生长期里，玫瑰至少要保证施3次肥。一是花前肥，于春芽萌发前进行沟施，以腐熟的厩肥加腐叶土为好；二是花后肥，花谢后施腐熟的饼肥渣；三是入冬肥，落叶后施厩肥，以确保玫瑰安全越冬。

修剪

早春发芽前每株留4 ~ 5条枝条，每枝留1 ~ 2个侧枝，每个侧枝上留两个芽短截。花谢后及时剪除残花和疏除病枝，以促发新枝。

换盆

如果是盆栽玫瑰，应每2年换盆1次，新盆比旧盆大6 ~ 7厘米，换盆时应除去1/3 ~ 1/2的旧土，并去除部分缠绕的根系。泥土要使用红玉土中搀有腐叶土、干牛粪的泥土，混合土的比例为红玉土6份、腐叶土2份、干牛粪2份。若使用市售的玫瑰用培养土，就简便易行。如果是在庭园种植，为了改善移植时庭园泥土的状态，在移植部分地方挖坑，除去不好的泥土。在挖坑的地方，混入具有团粒结构的红玉石和腐叶土及干牛粪，否则会使玫瑰的生长发育恶化。

繁殖

玫瑰可采用扦插、分株、嫁接、播种等方法进行繁殖。扦插法一般在春、秋两季均可进行，亦可于12月份结合冬季修剪植株时进行冬插。嫁接法一般选用野蔷薇、月季作砧木，于早春3月用劈接法或切接法进行。

越冬

玫瑰耐寒，只要气温在-20℃以上就不要紧。低于-20℃，可在基部堆土，将丛株用草帘、塑料膜等包扎起来。在低于-25℃的地方，需挖松一侧的泥土，将植株放倒，全部用土壤覆盖起来。

Q：采收的玫瑰如何保持新鲜？

A：在插玫瑰花的花瓶中加少许啤酒，玫瑰花可较长时间保持新鲜。如果方便的话，剪切玫瑰花前将花枝向下浸入水中，在水中剪切，利用重力作用将水强行灌入输水导管，并让它从叶面气孔吸水。

病虫害

危害玫瑰的害虫很多，比如金龟子、象甲、天牛、袋蛾及红蜘蛛等，所以要加强对害虫的防治，隔段时间给玫瑰喷1次药。此外，蚜虫也会危害玫瑰，防治时可选择50%辛硫磷乳油1 000倍稀释液或40%氧乐果乳油1 000倍稀释液喷洒。

健康链接

玫瑰花茶：玫瑰花蕾制成干花，每次用5~7朵，配上嫩尖的绿茶、3颗去核的红枣，可每日开水冲茶喝。泡玫瑰花茶时不宜用温度太高的开水，一般用放置了一会儿的开水冲洗比较好。

玫瑰花茶有清热解毒、美容养颜、痛经活络、软化血管、促进血液循环、调经利尿、消除疲劳的功效。它对于心脑血管、高血压、心脏病及妇科疾病也有显著疗效。

第四章
硕果累累的
观果植物

葡萄

/ 酸甜可口的诱人之果 /

多子多福、一本万利。

花言花语

别　　名：	提子、蒲桃、草龙珠、山葫芦、李桃
科　　属：	葡萄科葡萄属
种养关键：	注意及时整枝才能多结果
易活指数：	
花　　期：	4～5月
果　　期：	8～9月
适宜摆放地：	庭院、门廊、阳台

养花心经

土壤

葡萄各类型土壤都能栽培，其中质地疏松、肥沃、富含有机质和钙质的壤土是最为合适的。常用的增肥土地的材料有腐叶土、泥炭土、田园土、骨粉、膨化鸡粪等。

温度

气温低于14℃时不利于开花授粉。气温低于16℃或超过38℃时对浆果发育和成熟不利。

光照

光照对于葡萄来说非常重要，葡萄产量和品质的90%～95%来源于光合作用。因此，葡萄的日照时间越长越好。

水分、湿度

一般早春气温低，可每隔2～3天浇水1次，随着气温增高，蒸发量加大，可每1～2天浇水1次，秋季浇水次数需逐渐变少，以盆土湿润为宜。

护花常识

施肥

对葡萄施肥可进行叶面喷肥，在盆栽葡萄生长前期，可喷0.1% ~ 0.3% 尿素溶液2 ~ 3次；从果实膨大期开始，每隔7 ~ 10天可喷0.3% 磷酸二氢钾溶液3 ~ 4次。

修剪

对于干枯或者不美观的枝条、叶子可以直接选择用剪刀修剪。

换盆

换盆或换土时，应削去部分枯根，换后立即浇水，以利植株恢复生长。

越冬

越冬管理主要是防止盆栽葡萄受冻害和抽干。葡萄越冬最主要是注意检查盆土，保持湿润，温度最好在0 ~ 5℃为宜。

繁殖

可用扦插繁殖法。插条选用节间宜短、芽眼饱满的成熟新梢的中下部。插条下端近节处剪成斜口，上端离顶芽2厘米处剪成平口，然后垂直插于盆中心，剪口上端的芽露出土面，注意土壤保湿。

病虫害

盆栽葡萄虫害较少，重点是病害。常见的病害有霜霉病、白腐病、炭疽病、黑痘病等。可在葡萄休眠期喷3 ~ 5波美度的石硫合剂，发芽后每隔10 ~ 15天喷1次半量式的波尔多液或500倍复方多菌灵溶液，一般病害即可防治。

佛手

/ 金灿灿的九爪木 /

寓意

吉祥、幸运。

花言花语

别　　名:	手桔、九爪木、五指橘、佛手柑
科　　属:	芸香科柑橘属
种养关键:	合理施肥、浇水及修剪
易活指数:	
花　　期:	4～5月
果　　期:	10～12月
适宜摆放地:	客厅、办公室或者公众场所

养花心经

土壤

喜酸性土壤，适宜 pH5.3 左右，盆土可以用 60% 的腐殖土、30% 的河沙、10% 泥炭土或炉灰渣进行配比。

温度

适宜的生长温度为 15 ～ 30℃，在夏季高温时要将植株移到凉爽通风而又遮阴的地方，冬季当气温低于 5℃时要注意防寒。

光照

喜光照充足，年光照时长在 1 200 小时左右为宜。

水分、湿度

最适宜的湿度为 70% ～ 90%，所以在干燥季节应该每天向叶面喷水 1 ～ 2 次，以增加空气湿度。

护花常识

施肥

幼苗期应加强施肥，在 3 ~ 8 月每月应施 1 次速效有机肥，成株施肥可减少。一般是在花前和采果后进行施肥，肥料以有机肥料为主，也可加入适量的磷钾肥或复合肥。

修剪

适当修剪能够促进幼苗生长，使其早日成株，应将主干剪至 15 厘米左右，下面留 3 ~ 5 个嫩芽，这样可促其萌发壮枝，扩大树冠。在结果期也要注意修剪，此时要及时除去顶芽和侧芽，防止植株徒长而影响结果。

换盆

每 1 ~ 2 年换盆 1 次，换盆时的基肥可以用饼肥、蹄片、骨粉配制，一般在春季进行。换盆前要进行 1 次修剪，换盆后要浇 1 次透水，并放在阴凉处，待其长出新芽再移到阳光下。

繁殖

盆栽一般用压条和分株方法进行繁殖。压条繁殖应选在 7 ~ 8 月，选成株下部的嫩枝用泥土压到土下。分株繁殖是成株可能会因根部受伤而萌发出幼苗，此时可以将幼苗和根部的土壤一同移栽到新盆中。

越冬

佛手越冬最关键的是冬肥，施冬肥可以使佛手越冬期间不掉叶子，到了第二年春季即可快速生长并开花。佛手最适宜的生长温度为 15 ~ 30℃，冬季保证室内温度在 5℃以上即可安全越冬。

病虫害

佛手容易出现黄叶病、叶片脱落及烂根现象，发生黄叶病可以浇灌 1% 的硫酸亚铁溶液治疗，如果植株烂根要立即翻盆，把植株从盆中脱出冲洗根部，去掉烂根，消毒后栽于消过毒的素沙土中进行养护，使其逐渐恢复生机。潜叶蛾、红蜘蛛、锈壁虱等虫害可喷施 0.6% 阿维菌素 2 000 倍、20% 吡虫啉 2 000 ~ 4 000 倍液防治。

健康链接

佛手全身都是宝，其根、茎、叶、花、果均可入药。花、果可泡茶，有消气作用；果可治胃病、呕吐、噎嗝、高血压、气管炎、哮喘等病症。

柠檬

/ 柠檬酸的仓库 /

开不了口的爱。

花言花语

别　　名：柠果、洋柠檬、益母果

科　　属：芸香科柑橘属

种养关键：除做好水肥管理外，还要注意越冬管理

易活指数：

花　　期：4～5月

果　　期：9～11月

适宜摆放地：阳台、客厅

健康链接

柠檬茶：将两片干柠檬片或者鲜切的柠檬片用开水泡开，可以重复冲泡，加入蜂蜜调味。

柠檬茶既能消脂、去油腻，又能美白肌肤，有生津止渴、发汗解表、化痰止咳、祛脂降压、消食健脾、消炎止痛的功效。柠檬茶还能防治心血管疾病和降低血糖。

养花心经

土壤

适宜于土层深厚疏松、含有机质丰富、保湿保肥力强、排水良好、pH值在 5.5 ~ 6.5 的微酸性土壤为最好。

温度

适宜生长的年平均温度在 15℃以上，最佳生长温度为 23 ~ 29℃，超过35℃停止生长，–2℃即受冻害。

光照

柠檬为喜光植物，也耐阴，然而阳光过分强烈，则生长发育不良。

水分、湿度

春夏要多浇水，但要适时适量。晚秋与冬季时盆土则要偏干。

护花常识

施肥

柠檬喜肥，应多施薄肥，上盆、换盆要施足基肥。植株在萌芽前施 1 次腐熟液肥，以后每 7 ~ 10 天施 1 次以氮肥为主的液肥。入秋后施肥减少，避免植株营养过剩而造成落果。

修剪

盆栽柠檬在春梢萌发前必须进行强度修剪，去除枯枝、病害枝、内膛枝、交叉枝、萌生枝等。春梢长齐后，为控制其徒长，可进行轻剪，剪去枝梢3 ~ 4 节，以后长出的新梢有 6 ~ 8 节时就摘心。幼树修剪的时间应在冬季较为适宜。

换盆

盆栽柠檬在春季 3~4 月必须翻盆换土。若花盆还适合，则在原盆换上新泥土，换盆换土时应施底肥。

繁殖

多用嫁接的方法。柠檬多选用枳橙作砧木，也可用柑、橙、土柠檬、红橘，选择优良单株接穗。春季用单芽切接法，秋季用小芽复接法。

越冬

在整个冬季要把盆栽柠檬放在 5 ~ 10℃环境里越冬，每天应使植株接受充足的光照，平时浇水要加以控制，使盆土经常处于微干状态，以免根系腐烂，为结果奠定好基础。

病虫害

主要有红蜘蛛、黄蜘蛛、锈壁虱等虫害，可选用 20% 双甲脒 1 000 倍液、73% 炔螨特 2 000 倍液或 20% 哒螨酮 2 000 倍液喷杀。

五色椒

/ 五颜六色的辣诱惑 /

花言花语

别　　名： 朝天椒、五彩辣椒、观赏椒、佛手椒、樱桃椒、珍珠椒

科　　属： 茄科，辣椒属

种养关键： 根部切忌积水，否则会烂根

易活指数：

花　　期： 7月至霜降

果　　期： 10～12月

适宜摆放地： 可摆放在光线充足的厨房、客厅、书房、卧室等处，装饰书桌、几案、窗台、床头和博古架

养花心经

土壤

适宜生长在潮湿肥沃、疏松的土壤中。盆栽土壤可以用3份菜园土加1份炉渣或者2份锯末加2份蛭石加1份中粗河沙进行配制。

光照

喜阳光充足，花期要加强光照时间，果期要适当减少光照时间，可使浆果长期保持鲜艳的色泽，延长观赏期。

温度

耐热，不耐霜寒，生长的最适温度为 15 ~ 27℃。

水分、湿度

生长期间要注意水分的及时补充，除了开花期，可以适当在叶面喷水。

护花常识

施肥

五色椒对肥料的需求较大，但是要遵循“淡肥勤施、量少次多、营养齐全”的施肥原则。在施肥过后的晚上，要保持叶片和花朵干燥。盆栽所施的肥料一般以农家肥为主，磷肥、尿素、复合肥为辅。

修剪

五色椒成株在生长过程中要进行摘心，一般是剪掉植株主茎和侧枝的顶梢，这样能够促使腋芽萌发并抑制枝条徒长，使植株生长粗壮、美观，花朵数目增多。

换盆

五色椒对土壤的营养成分要求比较严格，所以要经常换盆换土，保持土壤的成分稳定，避免植株整体生长失调，影响观赏价值。

繁殖

盆栽一般采用播种繁殖和扦插繁殖。播种繁殖需要先用温水将种子浸泡 3 ~ 10 小时，使种子吸水膨胀，把种子一粒一粒地放在基质表面，在上面覆盖 1 厘米厚的基质，再把花盆放入水中，水的深度为花盆高度的 1/2 ~ 2/3，让水慢慢地浸上来（也称为“盆浸法”）。扦插繁殖的基质为用来扦插的营养土或河沙、泥炭土等材料，如果用中粗河沙，需要在使用前用清水冲洗几次。用来扦插的枝条一般结合摘心工作进行选择，将摘下来的粗壮、无病虫害的顶梢留下进行扦插。

越冬

五色椒喜温、不耐寒，冬季正是其结果季节，所以室内温度要保证在 10℃以上，不然会使植株受冻而不结果，影响观赏性。

病虫害

作为观赏的五色椒病虫害并不多，一般为叶斑病、绵腐病和蚜虫危害。叶斑病可以用 50% 硫菌灵可湿性粉剂 500 倍液喷洒防治；绵腐病苗期和成年植株均可发生，发病初期喷施 72.2% 霜霉威水剂 400 倍液或 15% 噁霉灵 450 倍液进行防治；蚜虫可喷施 50% 杀螟松乳油 1 500 倍液进行防治。

冬珊瑚

/ 春节里的吉庆果 /

喜庆瑞祥、延年益寿。

花言花语

别　名：	吉庆果、圣诞樱桃、珍珠椒、看樱桃、珊瑚樱、红珊瑚、珊瑚豆
科　属：	茄科樱属
种养关键：	花期要控制浇水量
易活指数：	

花　期：

8 ~ 9月

果　期：

10 ~ 12月

适宜摆放地：阳台、客厅等。春节期间摆放于厅堂几架、窗台上，可增添喜庆气氛

养花心经

土壤

喜肥沃疏松、排水性良好的沙质土壤，可用园土 6 份、厩肥土 3 份、河沙 1 份进行配制。

温度

喜温暖，最适生长温度为 10 ~ 25℃。

光照

属喜光性植物，生长期要全日照，在开花期更要保证光照时间，以防止落花不坐果。

水分、湿度

喜温暖湿润，生长期要经常保持盆土湿润，在开花期间要控制浇水量，盆土过湿可能会导致植株落花。

护花常识

施肥

在生长期间，每隔 7 ~ 10 天要施 1 次腐熟的稀薄肥水；从孕蕾到幼果期，可增施 2 ~ 3 次速性磷肥，促其果实发育。如果想要在春节观赏果实，应该在开花后多施磷钾肥。

修剪

在春季和夏季时要注意修剪，随着植株的生长，需要将旺长的枝条进行摘心处理，并控制枝条的密度，尽量做到开花时还能够保证枝条间能够通风。修剪时要留那些生长健壮的枝条，到结果时方能提供足够的养分。

换盆

一般每年需要换盆换土，换盆应在春季，换盆后要浇 1 次透水，并放置在阴凉处，等植株萌发新芽后再移动到光照下。

繁殖

一般用播种繁殖，3 ~ 6 月播种，播种前先用温水浸泡种子进行催芽处理，然后将种子撒在培养基上，冬珊瑚种子非常小，只需在种子上盖很薄的一层土即可。当苗高 5 ~ 8 厘米，幼苗具 3 ~ 4 片真叶时可移栽上盆。

越冬

冬珊瑚抗寒能力较强，但是越冬时盆土不能太湿润，其间尽量不要浇水，所以在越冬前要浇 1 次透水，放在室内窗户边让其接受充足的光照，温度一般在 0℃以上可安全过冬。

病虫害

危害冬珊瑚的主要病虫害有桑白蚧、刺蛾、梨小食心虫和炭疽病、叶斑病、根颈腐烂病。虫害可以用 0.2% 有黏土柴油乳剂混合 80% 敌敌畏乳剂、50% 混灭威乳剂或马拉硫磷乳剂 1 000 倍液喷洒进行防治。叶斑病喷洒 260 倍波尔多液进行防治。根颈腐烂主要是由于枯叶没有及时清除导致，平时注意清除根颈旁的枯叶即可防治。

花友交流

Q：冬珊瑚有毒吗？果实是否可以吃呢？

A：冬珊瑚全身是毒，其叶子的毒性比果实要大。果实不可食用，却有很高的药用价值。

石榴

/ 晶莹剔透的红宝石 /

成熟的美丽。

花言花语

别　　名： 安石榴、若榴、丹若、金罂、金庞、涂林 、天浆

科　　属： 石榴科石榴属

种养关键： 开花结果期盆土不能过湿

易活指数：

花　　期：

5 ~ 6 月

果　　期：

9 ~ 10 月

适宜摆放地： 庭院、阳台、客厅

养花心经

土壤

喜湿润肥沃、排水良好的石灰质土壤，盆栽选用腐叶土、园土和河沙混合的培养土，并加入适量腐熟的有机肥。

温度

石榴抗寒能力比较强，适宜生长温度为 15 ~ 20℃，冬季温度低于 –18℃会受到冻害。

光照

石榴生长期要求全日照，并且光照越充足，开花越多越鲜艳，背风、向阳、干燥的环境有利于花芽形成和开花；光照不足时会只长叶不开花，影响观赏效果。

水分、湿度

在开花结果期，不要浇水过多，过湿会导致落花、落果、裂果。

护花常识

施肥

石榴要施足基肥，在生长旺盛期要每周施 1 次稀肥水，并要长期追施磷钾肥保花保果，每年的入冬前要施 1 次腐熟的有机肥。

修剪

石榴枝条细密杂乱，需要通过修剪来达到株型美观的效果。一般石榴可以修成独干圆头或平头状，还可修成丛状开张形，也可制作盆景石榴。修剪时剪除干枯枝、徒长枝、交叉枝、病弱枝、密生枝，夏季要及时摘心，疏花疏果，达到通风透光、株型优美、花繁叶茂、硕果累累的效果。

健康链接

石榴是一种富含碳水化合物、蛋白质、钙、磷、维生素等营养成分的美味水果。茎及根可四季采收，花期采花。采后去泥土杂质，晒干备用，或用鲜品。用于调经、腮腺炎或关节炎则酒炒应用，通常作汤剂或炖剂。外用则以鲜花或叶捣烂敷患部，可治疗腮腺炎、乳腺炎、痛沛肿毒等。

换盆

石榴在秋季落叶后至翌年春季萌芽前均可换盆。换盆时根部要带土团，地上部分适当短截修剪，培养土可用腐叶土、普通土和河沙混合配制。换盆后浇透水，放背阴处养护，待发新芽后移至通风、阳光充足的地方。

繁殖

石榴常用扦插、分株、压条法进行繁殖。扦插，春季时选二年生枝条扦插，插后 15 ~ 20 天即可生根；分株，在早春 4 月芽萌动时，挖取健壮根蘖苗分栽；压条，春季和秋季均可以进行，不必刻伤，芽萌动前用根部分蘖枝压入土中，经夏季生根后割离母株，秋季即可成苗移栽。

越冬

石榴比较耐寒，入冬前施 1 次腐熟的有机肥，入冬后温度只要不低于 −18℃，都可以安全过冬。

病虫害

刺蛾、蚜虫、斜纹夜蛾等可用 15% 氯氰・毒死蜱乳油 12 毫升稀释 1 500 倍喷施在正反叶面上防治。白腐病、黑痘病、炭疽病等可喷施波尔多液 200 倍液预防，病害严重时可以喷施退菌特、代森锰锌、多菌灵等。

金橘

/ 能食能药的吉利果 /

寓意

吉利，吉祥如意。

花言花语

别　　名：金柑

科　　属：芸香科柑橘属

种养关键：花期和果期注意浇水量

易活指数：

花　　期：6～8月

果　　期：11～12月

适宜摆放地：阳台、门口、客厅等

养花心经

土壤

适宜生长在土质深厚、肥沃的微酸性土壤中，以蓄水保肥力强、自然肥力高、土层深厚的黑沙土为宜。

温度

喜气候温和，最适生长温度为15～30℃。

光照

金橘需要光照充足，特别是春秋季需要阳光较多，夏季应该避免强光直射。但若是长期置于室内阳光不足之处，植株长势弱，会影响花芽分化和结果。

水分、湿度

空气湿度大，橘果含水分多，皮质细嫩；空气过于干燥，会使橘果发育不良，致使橘果细小、皮粗肉淡，品质低劣。在开花结果期间，湿度在80%以上较为适宜。花芽分化期要适当控制浇水量，待上部嫩叶轻度萎蔫时才浇水，以控制植株过多的营养生长，促使花芽分化。花芽分化完成后应逐渐恢复浇水量。开花期和坐果期都不宜浇大水，稳果后才进行正常浇水，但盆中不能积水以免落果。

健康链接

食用金橘蜜饯可以开胃；饮金橘汁能生津止渴，加萝卜汁、梨汁饮服能治咳嗽；金橘加冰糖隔水炖服可治慢性支气管炎；金橘、焦麦芽、焦山楂水煎服可助消化；金橘与半枝莲熬成浓汁，加糖服用可治慢性咽炎；金橘、吴茱萸水煎服可缓解胃部冷痛；金橘、藿香、生姜同煎，可治疗受寒恶心；金橘与党参煎汤代茶饮，则能安胎。

花友交流

在喜气洋洋的春节里，室内放上一盆挂果累累的金橘，金灿灿的颜色不仅更添节日气氛，让整个居室金光闪闪，更展现了家庭一派欣欣向荣、蒸蒸日上的气势。

护花常识

施肥

庭院种植的金橘，在春秋季施肥时以氮肥为主，当其坐果后施氮肥和钾肥，但是氮肥不要过多，结果后浇施含磷、钙的矾肥水或者沤制的饼肥。在夏季，一次施肥不要过猛，会造成烧苗、落花、落果。北方盆栽种植的金橘可每周施1次肥水，或追施磷酸二氢钾，或每周结合施肥以200～250倍食醋水浇灌，有利于叶色浓绿，生长茂盛，结果多。

修剪

在春芽萌发前要剪除部分上年生枝，健壮者可留2～3枝一年生枝条，有利于春梢萌发。当新芽长到15～20厘米时摘心，使枝条饱满。5月底进入花期，其间要适当疏花，坐果后按树势疏果1次，每枝2～3枚为宜，并及时剪除秋梢以防二次结果。

换盆

金橘一般3年左右换1次盆，盆栽金橘应在开花前换盆，培养土要求富含腐殖质、疏松肥沃和排水良好的中性土壤，边填土边压实。换盆后要浇1次透水，放置于遮阴处。

繁殖

金橘一般用嫁接法繁殖，采用一年生枸枳或酸橙作砧木，接穗选择一年生粗壮的春梢，随剪随用，剪去叶片留叶柄。枝接、切接法在3～4月进行，芽接在6～9月进行，靠接在6月进行。

越冬

金橘抗冻能力比较强，所以冬季不需要让其生长温度过高，过高的话植株得不到充分休眠，第二年会出现生长衰弱、落花、落果现象，冬季只要生长温度在0℃以上就能安全越冬。

病虫害

金橘一般没有病害，只有黄凤蝶的危害，幼虫取食新叶嫩芽，昼伏夜食，易造成金橘叶片缺刻或啃光。在黄凤蝶幼虫期要喷50%杀螟松1 000倍液或80%敌敌畏1 000倍液，并在枝干外捕杀虫蛹。

第五章 萌态可掬的多肉植物

仙人掌

/ 带刺的夜间"氧吧" /

坚强。

花言花语

别　　名： 仙巴掌、霸王树、火焰、火掌、玉芙蓉、牛舌头（浙江衢州称法）

科　　属： 仙人掌科仙人掌属

种养关键： 注意浇水量的控制

易活指数：

花　　期：

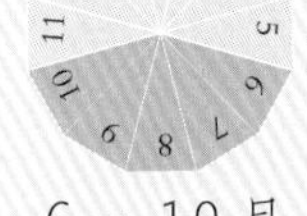

6～10月

适宜摆放地：

阳台、客厅等

养花心经

土壤

养仙人掌尤以沙壤土栽培最好，土质应当比较疏松、透气，土壤的酸碱度应当控制在弱酸性或中性。

温度

仙人掌最适宜生长温度为20～35℃，20℃以下其生长缓慢，10℃以下基本停止生长，0℃以下有可能被冻死。盛夏气温35℃以上时，仙人掌生长缓慢，几乎停滞呈半休眠状态。

光照

多数仙人掌都喜欢充足的阳光，原产于沙漠或者是半沙漠及高海拔山区的仙人掌更是如此。

水分、湿度

春季水分消耗少，只需少量浇水即可。夏季由于阳光直射和气温较高，会出现短暂性休眠，应节制浇水，否则易烂根。秋冬季仙人掌进入休眠期，只要保持盆土稍微湿润即可。

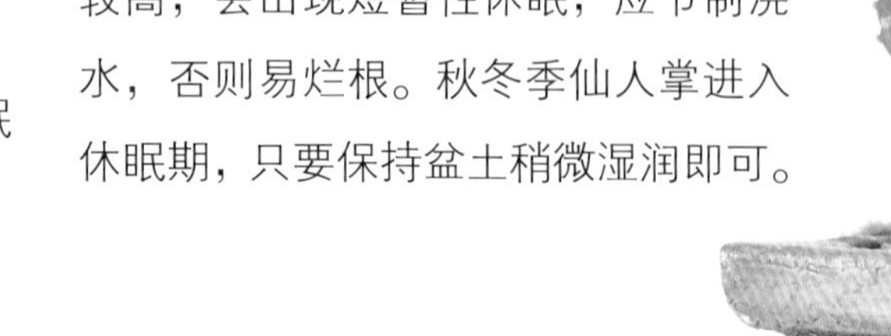

护花常识

施肥

仙人掌施肥频率不应该太频繁，肥料要保证完全腐熟，以磷钾肥为主、氮肥为辅。

修剪

一般来说，仙人掌不需要额外的修剪。

换盆

仙人掌的根系不是很发达，所以轻易不要给仙人掌换盆。在其生长期间如果需要换土是可以的，换土时填一半土时应稍拍几下盆，使土与盆密实，填满时再稍用手压一压，浇透水后正常养护即可。

繁殖

仙人掌可用播种繁殖和扦插繁殖。浆果秋季成熟，采后即可播种。种子忌日晒，宜随采随播，实生苗生长缓慢。

越冬

在南方有些无霜及霜期很短的地区，仙人掌可露天越冬或短期移入室内，注意控制水量，防止腐烂即可。北方的情形则不同，北方的冬季气温低而且时间长，如果室内温度保持在20℃左右，仙人掌就能够继续生长，安全越冬。

病虫害

仙人掌常见的虫害有红蜘蛛和蚜虫。红蜘蛛可用50%敌敌畏乳油800～1 000倍液喷杀，每周1次，2～3次即可防治。蚜虫可用大葱切碎后加30倍水浸泡24小时，滤渣后喷杀，1天喷2次，5天见效。

健康链接

仙人掌呼吸多在晚上比较凉爽、潮湿时进行。呼吸时，吸入二氧化碳，释放出氧气，同时吸附灰尘，因此可以起到净化环境的作用。室内放置一盆仙人掌，特别是水培仙人掌（水培仙人掌更清洁环保），可以起到净化环境的作用。

仙人球

/ 天然的空气清新器 /

坚强、将爱情进行到底。

花言花语

别　　名：草球、长盛球

科　　属：仙人掌科仙人掌属

种养关键：幼体在水肥方面的管理要更细心

易活指数：

花　　期：

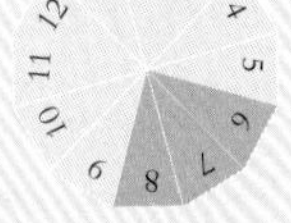

6～8月

适宜摆放地：

客厅、书房

养花心经

土壤

盆栽仙人球所用的土壤要求排水、透气性良好，含石灰质的沙土或沙壤土就比较适宜。

温度

冬季室温白天要保持在 20℃以上，夜间温度不低于 5℃。冬季北方温度低应停止浇水，并置于温度高于 5℃的室内，否则会引起根部溃烂。

光照

夏季不能强光暴晒，需要适当遮阴。室内栽培可用灯光照射，使之生长健壮。

水分、湿度

浇水的时间夏季以清晨为好，冬季应在晴朗天气的午前进行，春秋则早晚均可。

护花常识

施肥

春、夏两季，每半个月施 1 次肥，最好施氮磷钾混合肥料。施肥时要注意不可沾到球上，如有沾上应即时用水喷洗。

修剪

一般来说，仙人球不需要额外的修剪。

换盆

盆栽仙人球宜用透气性强的瓦盆，盆底垫碎砖块粒作排水层。换盆时，应剪去一部分老根，晾 4 ~ 5 天后再上盆栽植。为避免引起烂根，新栽植的仙人球不要浇水，只须每天喷雾 2 ~ 3 次。

繁殖

仙人球采取嫁接方法繁殖。嫁接的时候可以选择把小球嫁接在量天尺上，这样生长更快。

越冬

冬季，盆栽仙人球需移入室内，室温在 5℃以上就能安全越冬。盆栽的仙人球可以放在室内玻璃缸内保暖过冬，也可以用双层塑料袋套住保暖过冬。

病虫害

病虫害主要有炭疽病、溃疡病、介壳虫和粉虱。主要以预防为主，应控制水分，及时通风。多菌灵对于炭疽病有一定的作用，链霉素对于溃疡病比较有效。

芦荟

/ 家庭之友 /

青春之源。

别　　名：卢会、讷会、象胆、奴会

科　　属：百合科芦荟属

种养关键：芦荟幼苗怕光，应适当遮光

易活指数：

花　　期：5月

适宜摆放地：客厅、卧室均可

土壤

芦荟适合栽种于排水性能良好、不易板结的疏松土质中，但沙质土壤对芦荟的生长不利。

温度

因为害怕寒冷，芦荟需要长期生长在终年无霜的环境中。芦荟在 5℃左右即停止生长；0℃时，芦荟会出现生长障碍，如果温度低于 0℃就会冻伤。最适宜生长温度为 15 ~ 35℃。

光照

阳光是芦荟健康生长的重要要求之一，初植的芦荟还不宜晒太阳，一天中仅早上见见阳光就够了，等约半个月才会慢慢适应在阳光下生长。

水分、湿度

芦荟需要水分，但非常怕积水。在积水的情况下很容易叶片萎缩、枝根腐烂以至死亡。一般家养盆栽芦荟 3 ~ 5 天浇 1 次水，每次浇一点就好。

护花常识

施肥

可在春、秋季节，每半个月施稀薄的液肥 1 次。肥料可以是尿素、硫酸铵，或发酵后的动物、家禽粪便、蔬菜下脚料等。如果用的是固体肥，可适量埋放在盆土中，但要远离根须。

修剪

芦荟的萌发能力非常强，耐修剪。因此在为芦荟修剪的时候，只要保持外形好看，可以把多余的肉质叶片直接用剪刀全部剪掉。

换盆

一般来讲，芦荟的生长速度不会特别快。因此，一般芦荟不怎么需要换盆。

繁殖

芦荟一般可以采用幼苗分株移栽或扦插等技术进行无性繁殖。芦荟物种的无性繁殖速度快，可以稳定保持品种的优良特征。

越冬

冬季室内温度若保持在 5℃以上，只须将盆栽芦荟移至室内，放在朝南见阳的窗台上就可以安全越冬。

病虫害

芦荟常见病害主要有炭疽病、褐斑病、叶枯病、白绢病及细菌性病害。家庭盆栽芦荟，对病害宜采取预防为主。出现问题后，用内吸传导型的农药如硫菌灵、甲霜灵等，以及抗生素如硫酸链霉素、春雷霉素、井冈霉素等直接施用，能杀死芦荟体内的病原菌，控制病害蔓延。

健康链接

芦荟可以食用；用芦荟鲜叶汁早晚涂于面部 15 ~ 20 分钟，坚持下去，会使面部皮肤光滑、白嫩、柔软，还有治疗蝴蝶斑、雀斑、老年斑的功效；洗头后将芦荟汁抹到头上可以止痒，防止白发、脱发，并保持头发乌黑发亮，秃顶者还可生出新发。此外，芦荟也是净化空气的高手，一盆芦荟相当于 9 台生物空气清洁器。

虎尾兰

/ 绿色的虎尾 /

坚定、刚毅。

花言花语

别　　名： 虎皮兰、锦兰

科　　属： 龙舌兰科、虎尾兰属

种养关键： 适宜生长在散射光环境

易活指数：

花　　期： 1 ~ 2月

适宜摆放地： 书房、卧室

养花心经

土壤

以排水性较好的沙质壤土为宜。

温度

其适宜温度是18 ~ 27℃，低于13℃即停止生长。冬季温度也不能长时间低于10℃，否则植株基部会发生腐烂。

光照

虎尾兰要常常给予散射光，否则叶子会发暗，缺乏生机。但也不要骤然增加其光线照射量，应慢慢过渡。

水分、湿度

水分和湿度要适中，不可过湿或过干。浇水太勤，叶片变白，斑纹色泽也变淡。由春至秋生长旺盛，应充分浇水。浇水要避免浇入叶簇内，切忌积水，以免造成植株腐烂而折倒。

护花常识

施肥

肥料不应过量。在生长盛期，每月可施 1 ～ 2 次肥。若长期单施氮肥，叶片上的斑纹就会变暗淡，因此最好使用复合肥。

修剪

虎尾兰的生命力顽强，修剪时可以根据枝叶的生长情况和美观直接剪除。

换盆

适合所有品种的虎尾兰，一般结合春季换盆进行，方法是将生长过密的叶丛切割成若干丛，每丛除带叶片外，还要有一段根状茎和吸芽，分别上盆栽种即可。

繁殖

主要采用分株法繁殖。先将整株从盆中轻轻脱出，去除残留的培养土，露出根茎后沿其走向分切为数株，切口涂抹硫黄粉或草木灰，稍晾干后便可上盆。时间选择以春、夏时节最佳，可配合春季的换盆进行繁殖。

越冬

晚秋和冬季保持盆土略干为好。不耐严寒，秋末初冬入室，只要室内温度在 18℃ 以上，冬季可正常生长不休眠，1 ～ 2 月开花，不低于 10℃ 可安全越冬。冬季休眠期要控制浇水，保持土壤干燥。

病虫害

虎尾兰易蔫软倒伏，常表现为叶片呈浅黄绿色或灰黄色，靠地面茎部出现水渍状软腐斑，易折断。根茎呈黄色软腐，根枯死。防治这种问题，在浇水时应避免溅到叶片上，发现病叶及时清除并烧毁。当情况严重的时候可喷施 12% 松脂酸铜 600 倍液或 72% 硫酸链霉素 4 000 倍液，每 7 ～ 10 天喷 1 次，连续喷 2 ～ 3 次。

健康链接

虎尾兰可吸收室内 80% 以上的有害气体，吸收甲醛的能力超强，并能有效地清除二氧化硫、氯、乙醚、乙烯、一氧化碳、过氧化氮等有害物。另外，虎尾兰堪称“卧室”植物，即便是在夜间它也可以吸收二氧化碳，放出氧气。

长寿花

/ 花开长久的多肉植物 /

大吉大利、长命百岁、福寿吉庆。

花言花语

别　　名：矮生伽蓝菜、圣诞伽蓝菜、寿星花

科　　属：景天科伽蓝菜属

种养关键：生长期间应注意调换花盆的方向，调整光照使其受光均匀

易活指数：

花　　期：

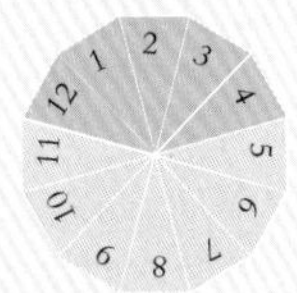

12月至翌年4月

适宜摆放地：

鉴于其夜间释放氧气的作用，适合放在卧室里

养花心经

土壤

长寿花耐干旱能力强，对土壤性质要求不严，以肥沃的沙壤土为好。

温度

生长适温为 15 ~ 25℃。当温度超过 30℃时，长寿花的生长会受阻；冬季室内温度最好不要低于 12℃，温度低于 5℃，会出现叶片发红、花期推迟或不能正常开花的情况。

光照

长寿花为短日照植物，对光的周期反应比较敏感。对于生长发育好的长寿花植株，应该给予短日照，每天光照 8 ~ 9 小时为宜，光照处理 3 ~ 4 周即可出现花蕾开花。

水分、湿度

对于水的需求量较低，夏季中午前浇水即可，但入夜之前叶片一定要保持干燥。

护花常识

施肥

冬季长寿花应减少浇水，停止施肥。在春、秋生长旺季和开花后的生长期，每月施1~2次富含磷的稀薄液肥。

修剪

可在长寿花生长期进行修剪，将花枝下第二对叶片与花枝一并剪去，过段时间可长出新芽并二次开花，这样花将开得更美观。

换盆

一般于每年春季花谢后换盆1次，新盆的土可以选用腐叶土、园土、河沙混合配制而成。

繁殖

主要采用扦插繁殖法。扦插在5～6月或9～10月进行效果最好。室温在15～20℃，选择稍成熟的肉质茎，剪取5～6厘米长，插于事先备好的沙床中，然后浇水，用薄膜盖上。30天后就可以盆栽了。

越冬

入冬以后，室内应该保持10℃以上的温度，这样长寿花植株可以维持极为旺盛的长势，并有可能提早至2月开花。室温原则上不低于0℃，就能保证其安全越冬。

病虫害

病害主要有白粉病和叶枯病，可用65%代森锌可湿性粉剂600倍液喷洒防治。虫害主要有介壳虫和蚜虫，危害叶片和嫩梢，可用40%氧乐果乳油1 000倍液喷杀防治。

健康链接

由于长寿花花期正逢圣诞、元旦和春节，并且名为长寿，所以在节日里赠送亲朋好友长寿花，大吉大利，非常讨喜。此外，长寿花还能净化空气，用于家庭布置窗台、书桌、案头，十分相宜。长寿花用于公共场所的花槽、橱窗和大厅等，其整体观赏效果也非常好。

蟹爪兰

/ 圣诞的仙人掌 /

寓意

鸿运当头、运转乾坤。

花言花语

别　　名：圣诞仙人掌、蟹爪莲、仙指花

科　　属：仙人掌科蟹爪兰属

种养关键：施肥过多、浇水太勤或长期干旱都易导致植株生长不良

易活指数：

花　　期：3 ~ 4月

适宜摆放地：窗台、门庭入口处和展览大厅

养花心经

土壤

盆栽蟹爪兰宜选用疏松、肥沃、排水良好的微酸性土壤，盆底可以适当放些腐熟肥、鸡粪等作基肥。

温度

适宜生长的温度为 15 ~ 25℃，5℃以下进入半休眠，低于 0℃时会有冻害发生。

光照

对光照要求不强，室内光照即可保持正常生长，但在冬春季时常放置在室内窗户等光亮处，可使植株更健壮有光泽，花朵更艳丽。开花后为增长观花期可放置在阴凉处。

水分、湿度

忌浇水过多，水分过多极易造成烂根。因此要等到盆土较干后再浇水。冬春季一般每 7 ~ 10 天浇 1 次水。

护花常识

施肥

每月施颗粒复合肥 1 ~ 2 次，每次 5 ~ 10 粒。温度太高或太低的季节可停止施肥 。

修剪

蟹爪兰在花芽长出后，为保证植株有充足的养分供应花朵，需要及时摘除新发的嫩芽。这样可以提高整齐度，即提高观赏效果。

换盆

蟹爪兰应 1 年左右换盆 1 次。在换盆的时候，要特别注意保护蟹爪兰的根须。

繁殖

一般用扦插、嫁接和播种繁殖。嫁接的具体方法是：砧木常选用三棱箭。首先用消毒刀片水平切去砧木顶端部分，再用刀片削去蟹爪兰的皮，露出维管束。切好后立即插入砧木的切口内，深度 2 ~ 3 厘米。为防止接穗滑出，固定时用手轻轻捏住砧木切口，使其夹紧接穗，并稍停片刻，以使两部分能紧紧粘合，液体互相浸润。嫁接后的植株放置在凉处，保持土壤湿润，2 周后可成活。

越冬

首先需要搬到室内光线明亮的地方养护，如果只能放在室外，可用薄膜包起来越冬，但每隔 2 天就要在中午温度较高时把薄膜揭开透气。浇水尽量安排在晴天中午温度较高的时候进行。

病虫害

在高温高湿情况下易有炭疽病、腐烂病和叶枯病危害叶状茎。病害发生初期，用 50% 多菌灵可湿性粉剂 500 倍液，每 10 天喷洒 1 次，共喷 3 次。虫害主要有介壳虫，如被害症状较轻可用竹片刮除，严重时用 25% 亚胺硫磷乳油 800 倍液喷杀。

花友交流

Q：蟹爪兰花蕾自己掉落是什么原因导致的？

A：蟹爪兰掉花蕾以及黄叶是由于低温或者浇水不当引起的。要确定环境温度是否在 10℃以上，另要注意适量浇水，可根据上述方法浇水。

条纹蛇尾兰

/ 沙漠中的“锦鸡” /

开朗、活泼。

花言花语

别　　名： 锦鸡尾、条纹十二卷、花纹十二卷

科　　属： 百合科十二卷属

种养关键： 严格控制浇水量，在半阴条件下养护

易活指数：

适宜摆放地： 装饰桌案、几架

养花心经

土壤

由于条纹蛇尾兰原产南非热带干旱地区，所以要求排水良好、营养丰富的土壤。

温度

生长适温为 10 ~ 25℃，不耐高温或低温，但较耐阴，适合室内栽培。

光照

应保持光照充足，但不宜阳光直射，光照过强叶片变红。若长期光照不足或温度偏低，易使叶片退化。

水分、湿度

生长期应视季节变化适量浇水，盆土宜“见干见湿”，须待盆土干燥后再浇水，不可积水。

护花常识

施肥

每1～2个月施含氮磷钾肥料，或提高氮肥比例，可使叶片健康生长。

修剪

可以用剪刀直接对长势不好或者不美观的腐烂萎缩叶片进行修剪。

换盆

通常在1年左右的时候，或者条纹蛇尾兰长得过于密集时，应当进行换盆。因为根系较弱，所以在换盆时应注意轻挖轻埋的原则。

繁殖

常用分株和扦插繁殖，培育新品种时则采用播种繁殖。分株全年均可进行，把母株周围的幼株剥下，直接盆栽即可。扦插可选择在5～6月，将肉质叶片轻轻切下，基部带半木质化部分，插于事先准备好的沙床，20～25天可生根，待到根长2～3厘米时就可以盆栽了。

越冬

冬季需充足阳光，但光线过强，休眠的叶片会变红。冬季最低温度不低于5℃。冬季盆土过湿，易引起根部腐烂和叶片萎缩，若出现叶片萎缩等，可以沙栽一段时间成活开始生长后换盆。

病虫害

易发生根腐病和褐斑病危害，可用65%代森锌可湿性粉剂1 500倍液喷洒。虫害有粉虱和介壳虫，用40%氧乐果乳油1 000倍液喷杀。

附：无公害“土”农药自制方法

心爱的花草遭到病虫害侵犯，可真是一件令人头疼的事。虽然很多病害都有相应的化学农药可以对付它们，但是一来，用农药终归是不环保，尤其是室内花卉，挥发到空中的农药毒素令人心里不踏实；二来，时间长了，害虫会产生抗药性，原来的农药效果就大打折扣。

其实，有一些环保高效的“生物农药”，原料容易获取，环保安全而又效果突出，在家养花不妨一试。

银杏叶

银杏是城市常见的绿化树种，秋天有大量落叶。将搜集到的银杏叶片晒干碾碎，拌入盆土中，可防治金针虫、地蚕（金龟子幼虫）等。以 250 克鲜叶兑 1000 毫升水的比例浸泡后反复揉搓，得到的浸出液用来喷洒植株，可防治蚜虫。

苦参

苦参可于中药房购买。每 100 克苦参加水 1000 毫升，煮沸后浸泡 1 小时以上，滤除杂质后用来喷洒植株，可防治蚜虫、菜青虫、螟虫等多种害虫，但对红蜘蛛基本无效。苦参的浸出液还能抑制一些霉菌的萌生。

茶粕

茶粕也称茶枯，是茶籽榨油后剩下的渣料。将茶粕用热水泡发，再加入 30 倍的水浸泡 24 小时后用来浇花，对蚯蚓、地老虎、蜗牛、蛞蝓等软体动物有很好的杀灭效果。此溶液如果再加 2 倍水稀释用来喷洒叶面，可防治锈病等真菌性病害。

桑叶

将桑叶按 100 克叶子加水 1000 毫升的比例煮开，再以文火熬 1 小时，得到的汁液用于喷洒，可防治红蜘蛛。

野蒿

野蒿是一种全国各地均有生长的野生植物，有香蒿和臭蒿之分，香蒿顾名思义就是叶子揉捏能闻到香味，但能够驱除害虫的野蒿是开黄花、味道并不好闻的臭蒿。以 100 克野蒿加水 1000 毫升的比例浸泡 12 小时左右，过滤出的药液用来喷洒，对蚜虫、红蜘蛛、菜青虫以及包括蜗牛在内的软体害虫均有杀灭效果。

松针

将松针和水按照重量 1 ： 30 的比例浸泡 8 小时以上，得到的溶液用来处理风信子、水仙等球茎类花卉的球茎，可使这类花卉在生长过程中少受病害。如果按 1 ： 10 的比例制作出更高浓度的溶液，用来喷洒植株，可防治粉虱、叶蝉等难治的飞虫。

辣椒

辣椒不仅让一些人望而却步，对害虫也有威慑作用。取（尽量辣的）干辣椒 50 克，捣碎加清水 1000 克煮沸后浸泡 30 分钟，过滤取其上清液喷洒植株，可防治白粉虱、蚜虫、红蜘蛛、蝽象等害虫。

附：常见花草花果期速查表

花卉名	花期	果期	功效
文竹			净化空气
金钻			净化空气
常春藤	4~5	8~9	净化空气
发财树	4~5	9~10	净化空气
金钱树			净化空气
橡皮树			净化空气
巴西木			净化空气
海芋			净化空气
彩叶芋			净化空气
朱蕉			净化空气
银皇后	3~10	5~11	净化空气
含羞草	3~10	5~11	净化空气、药用
鸟巢蕨	6~7	8~11	净化空气
铁线蕨			净化空气
肾蕨	5~9		净化空气、药用
散尾葵	3~4		净化空气
豆瓣绿	2~4 及 9~10		净化空气
苏铁	5~7		净化空气、药用
鹅掌柴	冬、春	12 月至翌年 1 月	净化空气
袖珍椰子	3~4	4~7	净化空气
棕竹	4~5	11~12	净化空气
富贵竹			净化空气
金钱草	6~7	8~11	净化空气、药用
鼠尾草	8~9		净化空气、做香料
龟背竹	8~9		净化空气
绿宝石	3~8		净化空气
绿萝			净化空气
虎耳草	3~8		净化空气
八角金盘	10~11		净化空气
观音莲	4~7		净化空气
吊兰	5	8	净化空气
月季	4~10（北）、3~11（南）		观赏、药用、做香料
兰花	一年四季均有		观赏、药用
蝴蝶兰	春节前后		观赏
大花蕙兰	10 月至翌年 4 月		观赏
昙花	6~10		观赏、药用
美女樱	5~11	9~10	观赏
鸡冠花	5~8	8~11	观赏、药用
凤仙花	6~8	8	观赏、药用
郁金香	3~4		观赏
薰衣草	6~8	8	药用、做香料
米兰	7~8（北）、四季 [illegible]		观赏
山茶花	10 [illegible]	[illegible]	观赏

花卉名	花期	果期	功效
半枝莲	6~9	8~11	观赏
唐菖蒲	7~11		观赏
朱槿	5~10		观赏
矮牵牛	6~10		观赏
晚香玉	7~11		观赏
大岩桐	4~7	5~8	观赏
石竹	4~9	8~10	观赏、净化空气
杜鹃花	3~5	9~11	观赏、药用
三色堇	4~7	5~8	观赏
四季海棠	一年四季		观赏、药用
天竺葵	5~7	6~9	观赏
丁香	4~6		观赏、药用
一串红	5~11		观赏
万寿菊	7~10	9~10	观赏
雏菊	4~6		观赏
一品红	12 月至翌年 2 月		观赏
金鱼草	4~5		观赏
五色梅	春节前后		观赏
茉莉	5~8	7~9	观赏、药用
栀子花	5~8	7~9	观赏、药用
红掌	一年四季		观赏
白鹤芋	3~4	5~6	观赏、净化空气
仙客来	10 月至翌年 4 月		观赏、净化空气
风信子	3~4		观赏
大丽花	5~11		观赏
君子兰	2~4	10	观赏、净化空气
水仙	1~3		观赏、净化空气
马蹄莲	3~8		观赏
朱顶红	6		观赏
倒挂金钟	3~5	5~7	观赏、药用
玫瑰	5~6		观赏、药用
葡萄	4~5	8~9	观赏、食用
佛手	4~5	10~12	观赏、药用
柠檬	4~5	9~11	观赏、食用、药用
五色椒	7 月至霜降	10~12	观赏
冬珊瑚	8~9	10~12	观赏
石榴	6~8	11~12	观赏、食用、药用
金橘	5~6	9~10	观赏、食用、药用
仙人掌	6~10		净化空气、观赏
仙人球	6~10		净化空气、观赏
芦荟	5		净化空气、观赏、美容
虎尾兰	1~2		净化空气、观赏
长寿花	12 月至翌年 4 月		净化空气、观赏
蟹爪兰	3~4		净化空气、观赏
条纹蛇尾兰			净化空气、观赏